短视频编导全能手

选题策划＋脚本文案＋拍摄剪辑+包装运营

福斯特◎编著

化学工业出版社

·北京·

内 容 简 介

短视频的火爆，让创业的人及创业公司对人才的需求越来越高，如何让一个人变成全能手，甚至成为一个团队，本书以下面4条线贯穿全书进行讲解。

一是选题策划线：介绍选题策划及内容策划，做出爆款视频。

二是脚本文案线：介绍脚本和文案策划，提升工作效率，让大家少走弯路，直击痛点，赢得用户信任。

三是拍摄剪辑线：介绍拍摄技巧，迅速提升拍摄质量，以及后期剪辑能力，让视频剪辑变得简单，制作出酷炫的视频。

四是包装运营线：介绍账号包装，轻松打造高质量的人设，提升粉丝增长速度，抢占短视频流量的红利。

本书定位精准，主要适合公司里短视频编导相关职位、短视频个人创业者，以及作为学校中与影视、编导相关专业的教材。

图书在版编目（CIP）数据

短视频编导全能手：选题策划+脚本文案+拍摄剪辑+包装运营/福斯特编著. —北京：化学工业出版社，2023.6（2024.2重印）

ISBN 978-7-122-43092-2

Ⅰ. ①短… Ⅱ. ①福… Ⅲ. ①视频制作②网络营销 Ⅳ. ①TN948.4②F713.365.2

中国国家版本馆CIP数据核字（2023）第044228号

责任编辑：李　辰　孙　炜　　　封面设计：异一设计

责任校对：宋　夏　　　装帧设计：盟诺文化

出版发行：化学工业出版社（北京市东城区青年湖南街13号　邮政编码100011）

印　　装：天津图文方嘉印刷有限公司

710mm×1000mm　1/16　印张$13^3/_4$　字数277千字　2024年2月北京第1版第2次印刷

购书咨询：010-64518888　　　售后服务：010-64518899

网　　址：http://www.cip.com.cn

凡购买本书，如有缺损质量问题，本社销售中心负责调换。

定　　价：78.00元

前言

随着网络技术的发展，信息越来越纷繁复杂，人们获取的信息也越来越多，再加上现在是一个快节奏的时代，人们已经很难静下心来认认真真地观看一条长视频了。而短视频的“短”这一优势，成功地吸引了众多用户的喜爱。

许多企业家看中了短视频背后的商业价值，创建了许多短视频平台，短视频行业得到了飞速发展，短视频以一种病毒式的传播方式影响了许许多多的用户。如今，短视频既是一种主流的信息传播方式，又是人们重要的娱乐消遣方式。

随着短视频行业的发展，短视频用户的规模不断扩大，很多用户凭借着短视频赚取了丰厚的利润。一条成功的爆款短视频，能够让拍摄者、运营者及演员在短时间内吸引大量用户的注意。值得注意的是，虽然短视频的门槛低，但是想要做出成绩，打造成功的爆款视频，仍需要运营者花费一定的精力来掌握相关技巧。

那么，短视频该怎么玩？需要运营者掌握哪些技巧呢？本书从手机短视频编导入手，分别对以下4个方面的内容进行分析与讲解，并结合大量的实际案例，手把手教大家玩转手机短视频，带领大家掌握各种短视频制作技巧，抢占未来的流量红利。

（1）选题策划篇：包括短视频编导的基本理论、短视频选题策划、短视频内容策划等内容。

（2）脚本文案篇：具体内容包括短视频的镜头语言、镜头拍摄、脚本策划、标题撰写和文案优化等。

（3）拍摄剪辑篇：具体内容包括短视频拍摄技巧、构图技巧、打光秘诀、视频剪辑、音频剪辑、文字添加、调色处理和特效运用等，帮助读者更快、更好地制作出丰富又有美感的视频效果。

（4）包装运营篇：具体内容包括账号定位、内容定位、账号设置、推荐算法、引流技巧、广告变现、内容变现和电商变现等，帮助读者成为短视频运营高手，大幅度地提高短视频创作的收益。

特别提示：作者在编写本书时，是基于当前各软件所截的实际操作图片，但本书从编辑到出版需要一段时间，在这段时间里，软件界面与功能会有调整与变化，比如有的内容删除了，有的内容增加了，这是软件开发商所做的软件更新，请在阅读时，根据书中的思路，举一反三，进行学习。

本书由福斯特编著，提供视频素材和拍摄帮助的人员还有叶芳等人，在此表示感谢。由于作者知识水平有限，书中难免有疏漏之处，恳请广大读者批评、指正，联系微信：2633228153。

编著者

目录

选题策划篇

第1章　基础入门：短视频编导的基本理论 ······ 1

1.1　概念先行：短视频编导基础知识 ······ 2

1.1.1　概念特征 ······ 2

1.1.2　传播功能 ······ 3

1.1.3　创作流程 ······ 5

1.1.4　编导技能 ······ 6

1.2　视频叙事：短视频的基础核心 ······ 7

1.2.1　一镜到底叙事 ······ 7

1.2.2　社交美化叙事 ······ 8

1.2.3　应用解说叙事 ······ 8

1.2.4　反转与戏剧性叙事 ······ 9

1.3　常识了解：短视频相关知识 ······ 10

1.3.1　文学方面的常识 ······ 10

1.3.2　电影方面的常识 ······ 10

1.3.3　美术方面的常识 ······ 11

1.3.4　音乐方面的常识 ······ 11

1.3.5　广播电视常识 ······ 12

1.3.6　其他常识 ······ 12

第2章　选题策划：选择直击用户的主题 ······ 13

2.1　选题概述：选题相关内容 ······ 14

2.1.1　选题方向 ······ 14

2.1.2　选题策划原则 ······ 15

2.1.3　3个准则 ······ 16

2.1.4　注意事项 ······ 17

2.1.5 建立选题库 …… 17
2.2 选题方向：抓住热门选题 …… 18
2.2.1 热门话题 …… 18
2.2.2 根据热点裂变话题 …… 28
2.2.3 在关键词中挖掘选题 …… 29
2.3 专题策划：深入探讨话题 …… 31
2.3.1 热门现象 …… 31
2.3.2 原生内容 …… 31
2.3.3 可预见的重大事件 …… 32
第3章 内容策划：决定一条短视频的成败 …… 33
3.1 爆款内容：轻易获得点赞 …… 34
3.1.1 了解推荐算法 …… 34
3.1.2 确定剧本方向 …… 34
3.1.3 5 大基本要求 …… 35
3.1.4 6 大热门内容 …… 38
3.1.5 6 大拍摄题材 …… 44
3.1.6 模仿爆款内容 …… 50
3.1.7 带货视频内容 …… 50
3.2 创意玩法：精准把握热点 …… 53
3.2.1 热梗演绎 …… 53
3.2.2 影视混剪 …… 54
3.2.3 游戏录屏 …… 55
3.2.4 课程教学 …… 55
3.2.5 热门话题 …… 56
3.2.6 节日热点 …… 56

脚本文案篇

第4章 镜头语言：用镜头传递视频内容 …… 58
4.1 镜头表达：短视频的艺术表现形式 …… 59
4.1.1 视频影像 …… 59
4.1.2 视频声音 …… 62

4.1.3 拍摄手法 …… 63
4.2 画面拼接：短视频的画面编辑技巧 …… 64
4.2.1 画面编辑的基本规则 …… 65
4.2.2 视频剪辑遵循的节奏 …… 66
4.3 拍摄镜头：短视频的画面表达 …… 67
4.3.1 运动镜头 …… 67
4.3.2 固定镜头 …… 68
4.3.3 镜头角度 …… 68
4.4 专业手法：短视频的镜头语言 …… 68
4.4.1 专业的短视频镜头术语 …… 68
4.4.2 镜头语言之转场 …… 69
4.4.3 镜头语言之多机位拍摄 …… 71
4.4.4 镜头语言之“起幅”与“落幅” …… 72
4.4.5 镜头语言之镜头节奏 …… 72
第5章 脚本策划：爆款短视频背后的秘诀 …… 74
5.1 策划方法：创作短视频脚本 …… 75
5.1.1 什么是短视频脚本 …… 75
5.1.2 短视频脚本的作用 …… 75
5.1.3 短视频脚本的类型 …… 76
5.1.4 编写脚本的前期准备工作 …… 76
5.1.5 短视频脚本的基本要素 …… 77
5.1.6 短视频脚本的写作技巧 …… 78
5.2 创作思路：优化短视频脚本 …… 78
5.2.1 站在观众的角度思考 …… 78
5.2.2 注重审美和画面感 …… 79
5.2.3 设置冲突和转折 …… 80
5.2.4 模仿精彩的脚本 …… 81
5.2.5 什么样的脚本有更多人点赞 …… 82
第6章 文案策划：直击痛点赢得用户信任 …… 84
6.1 标题撰写：文案策划的第一要素 …… 85
6.1.1 制作要点 …… 85

6.1.2 拟写技巧 …… 87
6.1.3 拟写要求 …… 89
6.1.4 注意事项 …… 89
6.2 标题模板：打造热门吸睛标题 …… 90
6.2.1 福利型的标题 …… 90
6.2.2 励志型的标题 …… 91
6.2.3 冲击型的标题 …… 92
6.2.4 悬念型的标题 …… 93
6.2.5 借势型的标题 …… 93
6.2.6 急迫型的标题 …… 94
6.2.7 警告型的标题 …… 94
6.2.8 观点型的标题 …… 95
6.2.9 独家型的标题 …… 96
6.2.10 数字型的标题 …… 97
6.3 文案优化：进一步完善标题文案 …… 98
6.3.1 控制字数 …… 99
6.3.2 通俗易懂 …… 101
6.3.3 形式新颖 …… 101
6.3.4 满足需求 …… 102

拍摄剪辑篇

第7章 拍摄技巧：快速抓住用户目光 …… 104
7.1 构图方法：10 个方法让你拍出电影感 …… 105
7.1.1 黄金分割构图 …… 105
7.1.2 九宫格构图 …… 105
7.1.3 对称构图 …… 106
7.1.4 三分线构图 …… 107
7.1.5 水平线构图 …… 107
7.1.6 斜线构图 …… 108
7.1.7 框式构图 …… 109
7.1.8 透视构图 …… 110

7.1.9 中心构图 …… 110
7.1.10 几何形构图 …… 111
7.2 打光秘诀：掌握光的艺术表现 …… 112
7.2.1 控制视频画面的影调 …… 112
7.2.2 利用不同类型的光源 …… 113
7.2.3 利用反光板控制光线 …… 115
7.2.4 不同方向光线的特点 …… 116
7.2.5 选择合适的拍摄时机 …… 117

第8章 后期剪辑：弥补优化视频内容 …… 119
8.1 基础剪辑：一部手机轻松搞定 …… 120
8.1.1 裁剪视频尺寸 …… 120
8.1.2 分割视频素材 …… 122
8.1.3 替换视频素材 …… 123
8.1.4 视频变速处理 …… 125
8.1.5 人物磨皮瘦脸 …… 127
8.2 音频剪辑：提升短视频效果 …… 128
8.2.1 添加背景音乐 …… 129
8.2.2 提取背景音乐 …… 131
8.2.3 淡入淡出效果 …… 133
8.2.4 添加视频音效 …… 134
8.3 文字添加：轻松增强视频视觉效果 …… 136
8.3.1 添加视频文字 …… 136
8.3.2 识别歌词字幕 …… 138

第9章 调色特效：制作酷炫的短视频效果 …… 140
9.1 调色处理：打造完美视觉效果 …… 141
9.1.1 基本调色 …… 141
9.1.2 添加滤镜 …… 143
9.1.3 磨砂色调 …… 145
9.2 视频特效：提高画面的观赏性 …… 147
9.2.1 添加特效 …… 147
9.2.2 添加转场 …… 150

9.2.3 添加动画 ………………………………………………………… 152
9.2.4 关键帧动画 ……………………………………………………… 157

包装运营篇

第10章 账号包装：吸引更多精准用户 ……………………159
10.1 账号定位：吸引平台精准用户 ……………………………… 160
10.1.1 厘清账号定位的关键问题 ……………………………… 160
10.1.2 账号定位不得不做的理由 ……………………………… 161
10.1.3 给账号打上更精准的标签 ……………………………… 161
10.1.4 了解账号定位的基本流程 ……………………………… 162
10.1.5 短视频账号定位的基本方法 …………………………… 163
10.2 内容定位：持续输出优质内容 ……………………………… 163
10.2.1 用内容去吸引精准人群 ………………………………… 164
10.2.2 找到短视频观众的关注点 ……………………………… 165
10.2.3 根据自己的特点输出内容 ……………………………… 165
10.2.4 短视频的内容定位标准 ………………………………… 166
10.2.5 短视频的内容定位规则 ………………………………… 166
10.3 账号设置：让你从同类中脱颖而出 ………………………… 167
10.3.1 账号名字的设置技巧 …………………………………… 168
10.3.2 账号头像的设置技巧 …………………………………… 168
10.3.3 账号简介的设置技巧 …………………………………… 169

第11章 引流运营：扩大视频账号影响力 ……………………171
11.1 算法机制：提高短视频流量的机制 ………………………… 172
11.1.1 认识算法机制 …………………………………………… 172
11.1.2 抖音的算法机制 ………………………………………… 172
11.1.3 抖音算法的实质 ………………………………………… 173
11.1.4 明晰流量池的作用 ……………………………………… 174
11.1.5 借力叠加推荐机制 ……………………………………… 175
11.2 基础引流：掌握基础的引流技巧 …………………………… 176
11.2.1 引出痛点话题 …………………………………………… 176
11.2.2 引出家常话题 …………………………………………… 177

11.2.3 主动私信用户 …… 177
11.2.4 分享某种技巧 …… 178
11.2.5 植入其他作品 …… 178
11.2.6 背景音乐引流 …… 179
11.3 引流升级：更多短视频流量的来源 …… 179
11.3.1 对标好精准的流量 …… 179
11.3.2 借助原创内容引流 …… 180
11.3.3 借助“种草”视频引流 …… 180
11.3.4 借助付费工具引流 …… 181
11.3.5 借助抖音热词引流 …… 181
11.3.6 借助评论功能引流 …… 181
11.3.7 借助矩阵账号引流 …… 182
11.3.8 借助线下 POI 引流 …… 182
11.3.9 借助热门话题引流 …… 182
11.4 粉丝运营：提高黏性和转化 …… 183
11.4.1 构建私域流量池 …… 183
11.4.2 流量裂变实现增值 …… 184
11.4.3 自建“鱼塘养鱼” …… 185
11.4.4 个人 IP 实现变现 …… 186
11.4.5 稳固粉丝的方法 …… 188

第12章 视频变现：利用短视频获取收益 …… 191
12.1 广告变现：商业变现模式 …… 192
12.1.1 流量广告变现 …… 192
12.1.2 星图接单变现 …… 193
12.1.3 全民任务变现 …… 195
12.2 内容变现：获取创作收益 …… 196
12.2.1 激励计划变现 …… 196
12.2.2 流量分成变现 …… 197
12.2.3 视频赞赏变现 …… 198
12.2.4 付费课程变现 …… 198
12.2.5 付费专栏变现 …… 199
12.2.6 吸引会员变现 …… 200

12.2.7 广告联盟变现 ······ 200
12.2.8 售卖版权变现 ······ 201
12.2.9 植入赞助变现 ······ 202
12.3 电商变现：带货卖货变现 ······ 202
12.3.1 抖音小店变现 ······ 202
12.3.2 商品橱窗变现 ······ 204
12.3.3 抖音购物车变现 ······ 204
12.3.4 精选联盟变现 ······ 205
12.3.5 团购带货变现 ······ 207

选题策划篇

第1章

基础入门：短视频编导的基本理论

随着移动互联网的不断发展，智能终端得到广泛的普及，媒体的形态呈现出多元化的特征，短视频作为一种新的艺术形式应运而生。如今，短视频用户在不断地增加，呈现出巨大的发展潜能。

1.1 概念先行：短视频编导基础知识

随着智能终端的广泛普及，短视频似乎成为人们生活的必需品，在室内的好友见面、亲朋相聚的饭桌上，或者是在室外的公交车、地铁等交通工具上，似乎都能看见人们刷短视频的场景。可见，短视频对人们的影响非常大。

然而，新事物的发展总会有不同的声音，不同的人对短视频有不同的看法。对从业者而言，短视频意味着一个大商机，投身于短视频行业意味着有更大的实现自我价值的空间，而学习短视频的相关技巧能够帮助他们在这个行业中更加游刃有余。在此之前，从业者的首要任务是了解短视频相关的基础知识，本节将简要地介绍短视频的基础知识，为从业者提供理论指导。

1.1.1 概念特征

同电影、电视一样，短视频的诞生与现代科学技术的发展和人类生活的需求息息相关，并且短视频也是一种视听艺术，因此探究短视频的概念，我们可以从电影、电视入手。电影与电视统称为影视，是一种综合运用画面、文字、声音、影像等符号来传播信息、表达价值和塑造人物的媒介。

与文学作品一样，影视是一种艺术表现形式。电影是最早的影视艺术，诞生于1895年的法国巴黎，在一家咖啡馆内播放的《火车进站》（电影画面如图1-1所示）、《工厂大门》等短片是电影正式成为艺术形式的标志，被称为“第七艺术”。

图 1-1 《火车进站》的电影画面

1900年，法国的国际电子大会上首次出现了“电视”这一概念，电视由此出现在了大众视野中。电影与电视成了20世纪对人类生活最有影响力的媒介，发挥了丰富人类生活、满足人类娱乐需求的作用。

进入21世纪，随着移动互联网的不断发展，电影与电视高度发展与饱和，进入了繁荣兴盛时期。但由于智能终端的广泛渗透，随着移动通信网络技术的高速发展，人们的生活节奏越来越快，传统的影视在呈现时长、画面构造等方面可能难以再满足人们的娱乐需求，由此衍生出了短视频这一艺术形式。

与电影、电视相同，短视频以视频为核心，综合各类符号来传播信息、输出观点，并作为一种满足人类娱乐需求的媒介，给予人类以视觉与听觉相结合的艺术享受。但不同的是，短视频是现今快节奏社会下的产物，它的创作方式相比于电影、电视更加多元化。例如，在镜头的拼接上，不只运用蒙太奇手法，还可以加入一些非视频形式的画面，实现更为怪诞、“无厘头”的视频呈现效果。

短视频最大的特征在于“短”，这是它区别于传统影视最主要的特征，也是它成为当代最有影响力、最受大众欢迎的艺术形式的主要原因。短视频的播放时长一般在5分钟之内，有的甚至在1分钟以内，如图1-2所示。

图 1-2　短视频示例

1.1.2　传播功能

短视频作为一种大众媒介，通过移动网络可以使发布的内容覆盖全球各个角落，因此它具有强大的传播功能。具体来说，短视频的传播功能包括以下4个方面。

（1）传播信息，传递资讯

人类需要不断地获取信息才能与时俱进。信息包括国家重大政策的颁布、国内外重大事件的交流等，而这些信息都需要传播媒介，正好短视频能够很好地满足人们获取资讯、了解信息的需求。因为短视频的时长较短，其展示的内容有限，所以会选取最为有效的、方便人们获取的方式进行传播，且短视频是以视觉和听觉同时呈现的形式来给予人们好的视听感受的。

（2）娱乐审美，丰富生活

当下，短视频已经逐渐渗透进人们生活的方方面面，成为人们生活的必需品。短视频以其丰富、多元的艺术效果，起到了陶冶情操、放松娱乐、培养正向的价值观，以及提高艺术鉴赏能力的作用，有形或无形地影响着人们的思想观念和行为方式等。

（3）舆论导向，培养三观

当前，我国正处于社会经济迅速发展，以及产业结构急需转型的时期，网络信息纷繁复杂，人们的价值观日益多元化，营造好的价值思潮和健康向上的价值观迫在眉睫。为此，短视频作为主流的传播媒介，在主流价值观的引导上发挥着重要作用。

（4）发扬文化，增强自信

著名的传播学学者拉斯韦尔曾提出“大众传播具有社会遗产传承功能”的观点，意在说明传播媒介对文化传承的作用。短视频作为一种大众传播媒介，具有记录与呈现的功能，有义务传承中华民族的优秀传统文化，并对其进行发扬，从而增强我国民族文化的软实力和文化自信。

例如，创作者以十大传统手艺为内容制作了系列短视频，对我国的优秀传统文化进行传承与发扬，如图1-3所示。

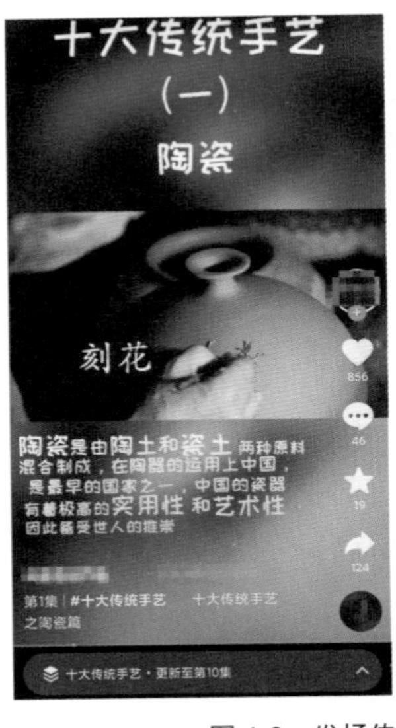

图 1-3　发扬传统文化的短视频示例

1.1.3　创作流程

短视频创作是一项融合技术性和艺术性的工作，其与电影、电视等艺术形式的创作一样，一般会经历前期的创意策划、中期的拍摄录制和后期的剪辑制作3个阶段，下面将对短视频的这3个阶段进行简要介绍。

（1）前期：创意策划

创意策划是对短视频的拍摄进行构想，主要以编导为核心创作者。编导是进行影视、短视频等艺术性创作的综合型人才，主要从事包含视频的选题构思、采访、拍摄、编辑制作等一系列工作，而创意策划是编导创作短视频的第一要务。

前期的创意策划决定了短视频最终的成品效果，这项工作是基础性环节，也是决定性要素，因此短视频创作者应重视。对短视频创作来说，创作者在进行创意策划时，可以参考以下3个步骤，如图1-4所示。

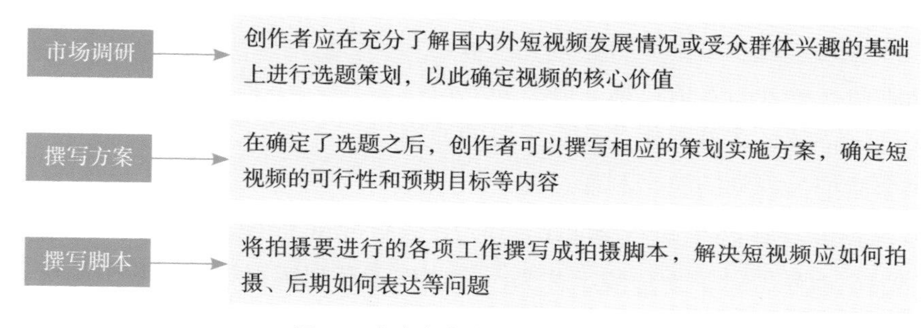

图 1-4　短视频创意策划的 3 个步骤

（2）中期：拍摄录制

拍摄录制是短视频制作的第二个阶段，在前期创意策划的基础上进行。创作者可以按照以下3个步骤来进行短视频的拍摄录制工作，如图1-5所示。

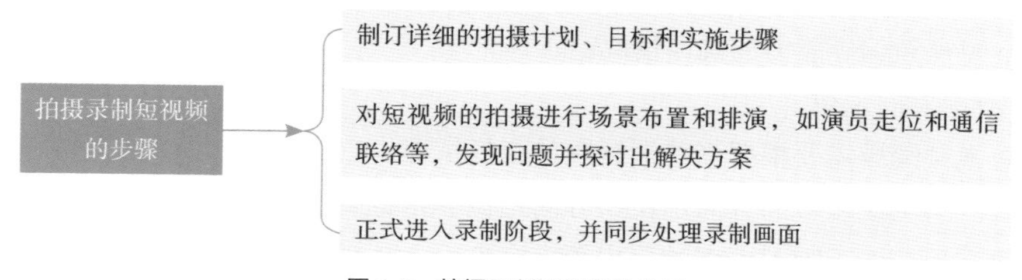

图 1-5　拍摄录制短视频的步骤

（3）后期：剪辑制作

剪辑制作主要是采取专业的技术设备对所拍摄的视频画面、声音素材进行编辑和加工，以呈现出更好的视觉和听觉效果。在这一阶段，创作者要进行的工作包括剪辑镜头、添加字幕和特效、处理音效、进行声画合成等，对存在问题的画面进行补录，以高质量的视频效果呈现为目的进行修改反馈，审查后便可以发布至短视频平台。

1.1.4 编导技能

在了解编导的技能之前，我们先来介绍一下什么是编导。编导是广播电视行业的一个专有名词，有着广义和狭义之分。从狭义上来说，编导指的是编导和其同类专业及从业者；从广义上来看，编导指的是在影视传媒类行业中掌握着专业技术，并对本职工作进行创作和编排的人。短视频编导指的便是在短视频行业中有着专业技术并对本职工作进行创作和编排的人。

一般来说，短视频编导的主要工作内容包括4个方面，具体内容如下。

• 审核并确定视频的文字稿件。

• 向视频剪辑人员讲述自己的视频构思和要求，并指导视频的剪辑工作，把握作品画面和声音的表情达意、节奏和风格。

• 确定特效、字幕等相关技术手段的使用。

• 全面把关视频的整个制作过程。

短视频编导在整个短视频制作过程中是非常重要的，其能力要求如表1-1所示。

表 1-1 短视频编导的能力要求

短视频策划 5 大流程	方向定位	选题策划	脚本写作	拍摄剪辑	运营
能力要求	精通	精通	了解	了解	熟练

从短视频策划的5大流程上，可以确定编导应该具备哪些能力，下面我们来看一下短视频编导能力的具体情况。

（1）方向定位

短视频编导需要根据当前短视频的市场情况，以及自身团队的实际情况等，做好自己团队或账号的方向定位。方向定位非常重要，影响着输出的短视频能否被用户喜爱、能否吸引更多的用户等多个方面。短视频编导是团队中非常重要的一员，影响着整个团队及视频的质量，因此短视频编导需要精通方向定位，这样才能输出更精良的短视频。

（2）选题策划

选题策划也就是分析内容选题的能力，一个好的选题往往可以使运营者在打造爆款短视频时事半功倍，因此短视频编导需要精通选题策划。

（3）脚本写作

脚本是实现短视频粉丝转化、变现等问题的保障。一般来说，一条专业的短视频会有专门的工作人员来编写脚本，但是短视频编导还是需要参与编写或审阅脚本。

（4）拍摄剪辑

拍摄剪辑是制作视频的重要一环。对一个编导来说，这是将他的想法落实成为视频影像的关键步骤。

（5）运营

作为一个短视频编导，必须熟练掌握运营技巧，具备运营能力，毕竟这是考察一个短视频编导好坏的关键。

1.2　视频叙事：短视频的基础核心

短视频也是有着一定的叙事技巧的，包括一镜到底叙事、社交美化叙事、应用解说叙事、反转与戏剧性叙事等多种叙事技巧。值得注意的是，其中还包括微视频叙事技巧。读者掌握一定的短视频叙事技巧，便能制作出更加精良、更吸引用户的短视频。本节介绍短视频叙事的一些技巧。

1.2.1　一镜到底叙事

许多微视频基本上都是使用一镜到底的叙事方式来进行拍摄的，而这也是最简单的制作短视频的方式。一般来说，一镜到底的叙事方式大部分都采用现场收音。当然，在后期剪辑时，也会添加一些音乐或花字。

一镜到底的短视频能够带领用户真实地走进拍摄现场，让用户身临其境。此外，在进行一镜到底的拍摄时，运营者可以自己出镜，这样也可以提高用户对自己的熟知度，还可以在出镜的时候增加一些个人特色及搞笑元素，让用户能够及时、深刻地了解你。

值得注意的是，一镜到底的短视频还可以被用作其他视频的素材或表情包。因为这种视频的精华部分往往都是其中的几秒钟。如果其中的精华部分被用户制作成表情包，则更容易提升短视频的热度，带动更多的用户来观看这条短视频。

一般来说，使用这种方式最多的是看户型、新家装修等这类短视频，这种方式能够很好地让用户了解到房间的构造，以及室内的装修情况等，如图1-6所示。

图 1-6　一镜到底示例

1.2.2　社交美化叙事

其实，目前的各种短视频不仅具有观看的价值，还具有很多其他价值，如社交价值。目前，人们的社交由原来的短信、邮件、图片渐渐地被短视频所替代。每当大家观看到一条搞笑短视频后，往往会迅速地分享给自己的好朋友。如今，随着短视频平台的兴起、发展，传播短视频已经变成了专门的社交方式了，并且因为短视频的传播，也成就了许许多多的网络名人。

值得注意的是，要想达到社交的目的，短视频运营者需要对短视频进行一系列美化，包括短视频的特效处理、短视频的拍摄剪辑及人物的美化等，这些在后面的章节会详细讲述，这里便不再进行赘述。

1.2.3　应用解说叙事

短视频主要是在短时间内将信息提炼出来，然后传播出去，因此与长视频相比，短视频传递的信息更加精炼。长视频一般是用户有大量的空闲时间才会去浏览，用户会投入更多的情感。但是，短视频不一样，短视频的时长通常都很短，因此会精准地将最精炼的信息传达给用户，然后告知用户需要反馈什么样的情感。

与长视频相比，短视频因为要在短时间内让用户了解，所以其信息的表达更加直接、浅显，但是能很好地完成运营者传播信息的目的，达到良好的传播效果。

短视频要在短时间内将最精准的信息传达给用户，那就需要运营者做好信息的提取，保留长视频中的精彩内容和场景等。

应用解说叙事比较经典的示例便是影视解说类视频，如图1-7所示。影视解说类视频的运营者将一部电影或电视剧的内容在一条或几条短视频中呈现出来，那些没有时间观看完整影片，但是又想知道影片内容的用户便会观看这类短视频。

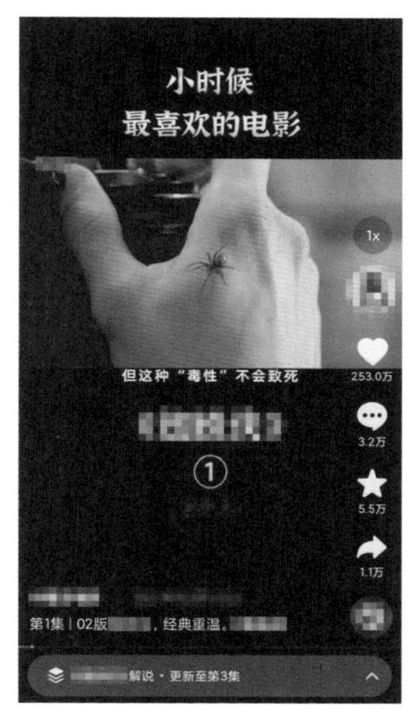

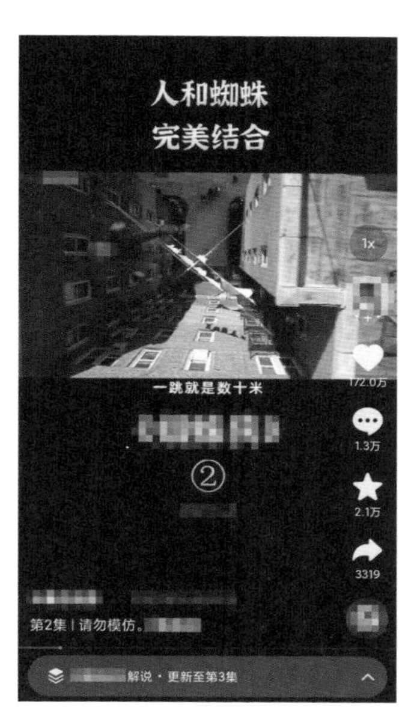

图 1-7 影视解说类视频

1.2.4 反转与戏剧性叙事

短视频因为视频的时长较短，因此通常前期铺垫的时间较短或者没有，直接便是高潮部分，然后一直到高潮结束才结束视频。在网络时代，人们的注意力很容易被分散，再加上平台上充斥着各式各样的短视频，因此想要用户完整地观看短视频，便需要加入一些情节的反转。

短视频制作出来是给人看的，可以没有合理的情节设计，甚至可以给予一些出人意料的内容，产生戏剧性效果，这样才能达到吸引观众的目的。

1.3 常识了解：短视频相关知识

短视频作为艺术形式的一种，与文学、电影、美术、音乐、广播电视等有一定的关联，因此为创作出更好的短视频，创作者有必要掌握这些方面的常识。本节将选取比较有代表性的常识进行介绍，为短视频创作者增加艺术知识储备提供帮助。

1.3.1 文学方面的常识

创作的短视频可以改编自文学作品，因此古今中外的文学常识是短视频的“养分”。下面将简要地介绍国内外比较有代表性的文学知识。

（1）中国文学

我国有五千多年的历史，在漫漫历史长河中，我们的祖先为我们留下了许多文化瑰宝。当短视频创作者不知道要创作什么内容的时候，便可以从我国的文学库中寻找素材，如《山海经》。《山海经》包含《山经》和《海经》两个部分，是我国现存神话最多的志怪地理名著。短视频创作者可以《山海经》为蓝本，创作出与自己账号内容相符的、新颖的短视频。

（2）外国文学

短视频创作者还可以通过阅读一些优秀的外国文学作品，来获得创作的灵感，如“四大悲剧”——莎士比亚创作的戏剧，即《哈姆雷特》《奥赛罗》《李尔王》《麦克白》这4部作品；或者借鉴外国文学作品中叙事的手法等，来创作出更好、水准更高的短视频。

1.3.2 电影方面的常识

短视频创作者掌握一定的电影常识，便可以借助电影思维来创作短视频，从而使短视频呈现出最佳效果。下面从短视频的创作出发，简要分享一些电影方面的常识，具体内容如下。

- 电影是一种根据“视觉暂停”原理，运用照相手段将外界事物的影像表现成内容的技术。它具有动态性和还原性。“视觉暂停”原理是指人眼观察景物时，光信号传入大脑神经，由此形成的视觉形象并不会立即消失，而是在视网膜上停留一段时间的现象。
- 电影镜头又称“电影画面”，指借助拍照设备不间断地拍摄下来的片段。镜头是影片结构的基本组成单位，也是最小单位。

• 蒙太奇具有组成、拼接之意，具体指按照创作构思将各个镜头、场景等巧妙地连接在一起，构成一个有机的艺术整体。

• 画面和声音是电影艺术中的两大视听艺术。其中，声音包含画面中出现的所有用作表情达意的声音形态，如人声、音乐和音响等。

1.3.3　美术方面的常识

美术方面的常识主要帮助短视频创作者提高艺术鉴赏能力，如欣赏优秀的美术画作可以提高创作者对作品的品鉴能力，从而提高短视频的画质美感，实现优质的短视频创作。相关美术方面的常识简要分享如下。

• 雕塑：一种造型艺术，由黏土、树脂、木头、石头等可雕刻的材料制作而成，分为圆雕、浮雕和透雕等。

• 中国画：简称“国画”，以毛笔、墨水等为工具创作出的画作，有山水画、人物画和花鸟画等题材，其表现形式有工笔、写意等。

• 年画：是指流行于民间的装饰画，题材丰富多样，具有浓厚的乡土气息和人文风俗。著名的年画产地有天津杨柳青、潍坊杨家埠、苏州桃花坞和四川绵竹。

• 文艺复兴“美术三杰”：是指文艺复兴时期的达•芬奇、米开朗基罗和拉斐尔3位杰出画家的合称。

1.3.4　音乐方面的常识

短视频创作者具有一定的音乐常识，可以提高创作者的乐感，促使创作者选择优美的音乐来配合精美的画面，为用户提供具有美感的短视频。相关音乐方面的常识简要介绍如下。

（1）乐器的类型

乐器一般分为体鸣、气鸣、膜鸣、弦鸣和电鸣五大类。

（2）著名的音乐人

• 莫扎特：奥地利著名的作曲家，也是欧洲维也纳古典乐派的代表人物之一，有“音乐神童”之称。他的主要作品有《唐璜》《费加罗的婚礼》等。

• 舒伯特：被称为“歌曲之王”，是浪漫主义音乐的奠基人，主要作品有《野玫瑰》《小夜曲》《美丽的磨坊少女》等。

• 伯牙：我国春秋时期著名的琴师，被尊称为“琴仙”，其著名的乐曲有《高山》《流水》《水仙操》等。

• 冼星海：我国著名的作曲家，其被赋予“人民音乐家”的称号。他的主要作品有《黄河大合唱》《在太行山上》等。

• 聂耳：我国国歌《义勇军进行曲》的作曲者，代表作品还有《卖报歌》《码头工人歌》等。

1.3.5 广播电视常识

掌握一定的广播电视常识与电影常识可以帮助短视频创作者借助影视思维来构思短视频的创作，从而创作出优质的视频。相关的广播电视方面的常识如下。

• 1906年12月，人们在美国马萨诸塞州用无线电广播成功播放圣诞歌曲。

• 1925年，“电视之父”贝尔德在伦敦展示了第一台机械式电视机，标志着电视的诞生。

• 哈尔滨广播无线电台是我国自办的第一座广播无线电台，于1926年10月正式启动。

• 电视机三基色指红、绿、蓝3种颜色，即光的三原色。

1.3.6 其他常识

对于其他与艺术形式相关的常识，短视频创作者也可以适当掌握，如文学理论常识、戏剧戏曲知识和舞蹈常识等，详细内容如表1-2所示。

表 1-2 其他艺术方面的常识

名称	具体内容
文学理论常识	（1）塑造文学形象时，强调刻画出典型环境中的典型人物。典型指的是能够反映现实生活本质规律，具有代表性或概括性的人或事件； （2）意境：指文学作品中描绘的图景与赋予的情感融为一体的一种艺术境界，特点是情景交融； （3）灵感：指人产生艺术创作的一种特殊心理状态和思维方式
戏剧戏曲知识	（1）悲剧：起源于古希腊的酒神祭祀，是由酒神颂歌演变而来的一种艺术表现形式，特点是叙述悲惨的故事情节和刻画悲惨的人物； （2）三一律：古典主义戏剧的创作法则，要求戏剧创作的时间、地点和情节三者保持一致； （3）世界三大古老戏剧：包括古希腊戏剧、古印度梵剧和中国戏曲； （4）四功五法：戏曲表演的基本功法，“四功”指唱、念、做、打，“五法”指手势、眼神、身段、技法、台步
舞蹈常识	（1）孔雀舞：是我国傣族民间舞中最负盛名的表演性舞蹈，现已被纳入第一批国家级非物质文化遗产名录； （2）华尔兹：又称“圆舞”，有“舞中之后”的美誉； （3）探戈：为阿根廷民间舞蹈。起源于非洲，后传入拉丁美洲，被誉为“舞中之王”； （4）伦巴：是古巴的民间舞，被誉为“拉丁舞之魂”

第 2 章

选题策划：选择直击用户的主题

拍摄短视频时以短视频的脚本为理论指导，短视频脚本的撰写来自创作者的选题策划。选题策划具体指的是短视频内容涉及的领域、涵盖的内容、传达的意图等，好的选题策划成就好的视频效果，因此创作者应对选题策划予以重视。

2.1 选题概述：选题相关内容

短视频的选题策划相当于为短视频创作选择一个赛道，进行什么样的比赛项目，选择什么样的协助器材，取得怎样的比赛成绩等都取决于这个赛道，即选题决定了短视频创作的一系列工作。

创作者赢得了选题的优势，则相当于获得了优先出发的机会，因此创作者有必要掌握一些与选题相关的内容，如选题方向、原则、准则和注意事项等。本节将简要介绍短视频选题的相关内容。

2.1.1 选题方向

确定选题方向是指为短视频创作选择一个指向标，这个指向标帮助创作者策划短视频的内容。对于刚接触短视频的新手而言，可以参考以下14类选题方向，具体介绍如表2-1所示。

表 2-1 短视频创作的选题方向

选题类型	细分领域
剧情类	搞笑的情节、街坊邻里的相处、甜蜜的爱情、幸福的生活、朋友的相处等
娱乐类	舞蹈表演、歌唱展示、杂技表演、与明星艺人相关的内容、星座讲解等
影视类	影视改编、影视混剪、综艺剪辑、电影解说、影评或影视推荐等
生活类	情感、美食、穿搭、美妆、母婴、育儿、养生等
新奇类	技术流、独特手艺、可以循环播放的内容等
文化类	书法、美术、国学、古风、哲学、历史、二次元等
商业类	技能分享、在故事中融入广告、人物演绎等
资讯类	各行各业的资讯、热点新闻、不同地域的资讯、人们实时关注的资讯等
三农类	与农村、农业、农民相关的产品或服务推荐
科技类	科技产品测评、科技实验展示、科技术语讲解、科普知识传授、黑科技揭秘、科技创新等
军事类	军事新闻、军事解说、军事历史、军迷等
游戏类	网络游戏、竞技游戏、创意游戏、游戏解说、游戏分享等
宠物类	宠物表演、宠物日常等
体育类	体育赛事剪辑、体育新闻、体育解说

在上述这些选题方向中，前4类选题几乎占据了短视频内容的大部分。对短视频创作者来说，这些内容也是比较容易入门的。若创作者没有确定选题方向，可以从中挑选出合适且感兴趣的领域进行短视频的创作。

2.1.2　选题策划原则

掌握选题策划原则可以帮助短视频创作者在确定选题之初少走弯路，如鱼得水。短视频的创作者在选择选题时，应当遵循以用户为导向、输出价值和匹配定位3个原则，详细说明如下。

（1）以用户为导向

以用户为导向主要指创作者在选择选题时应坚持以满足用户的需求为前提，这是短视频创作获取利益和个人价值输出获得回报的主要途径。具体而言，创作者遵循以用户为导向的原则，需要了解用户的痛点和喜好是什么。例如，某一位短视频创作者分享自己清洁厨房油渍的经验，以此作为自己视频拍摄的内容，为那些有清洁厨房困扰的人们提供帮助，如图2-1所示。

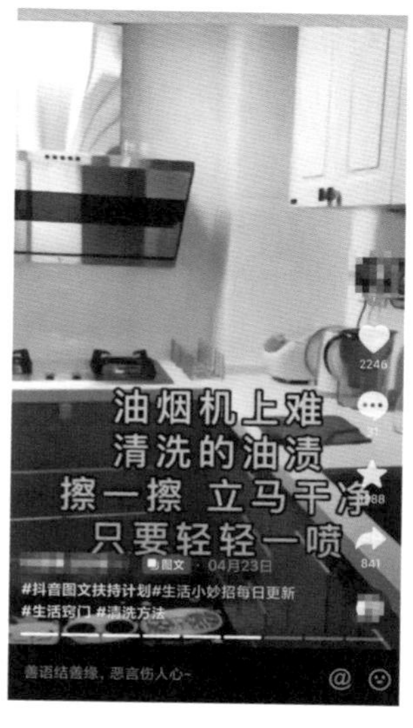

图 2-1　遵循以用户为导向原则的短视频示例

（2）输出价值

短视频的选题必须具备一定的价值，即其内容是有用的，具体指短视频的内容是对用户有用的，或可增长见识，或可获得经验，又或者可以满足其精神需求等。总而言之，用户在观看完创作者提供的短视频之后，多少都会有所启发。即便是搞笑类的视频，也提供了让用户快乐和放松的价值。

（3）匹配定位

匹配定位的原则是指内容的精准性，具体是指创作者的视频内容应与自己的定位相同。例如，某一位创作者给自己的视频定位为美食分享，那么在选题方向上则主要为生活类中的美食领域，而非美妆领域，这也是短视频行业中常说的内容有垂直度。在短视频获取利益方面，内容有垂直度的视频，更有助于增加用户的关注，从而实现短视频获益的目标。

2.1.3 3个准则

从短视频创作的目标出发，大多数人发布短视频都是为了获取一定的利益，最为直接的便是获得经济利益。而要实现这一直接目标，创作者需要在短视频的选题上多下功夫。在参考选题方向、遵循选题原则的基础上，创作者在策划选题时还可以按照以下3个准则进行。

（1）以内容确定目标人群

创作者在确定好视频的选题之后，需要定位好所做的这部分内容聚焦于哪一类人群，即确定好目标受众。类似于作者在写作文学作品时，会虚构出“隐含读者”一样，短视频的创作也需要虚构出一定的目标受众，即解决好发布这条视频主要提供给哪类人群观看的问题。

例如，短视频创作者定位自己所要拍摄的内容是关于小个子女生的穿搭技巧分享，选题方向为穿搭领域，因此该视频主要针对的受众为小个子想学习穿搭的人群。

（2）确定运营的目标

短视频创作者创作出优质的视频，并且持续不断地更新视频内容，最为主要的动力是达到运营目标。不同类型的视频选题有不同的运营目标，如搞笑娱乐类视频的选题，主要目的多是传达情感价值来获取用户的关注；生活类视频的选题，主要目的是传达干货知识来获取用户的信任，从而为短视频带来更多的流量。

创作者应结合自己视频的选题方向，来确定运营的目标，以督促自己持续性地投入视频的创作。

（3）选题贴近大众生活

若短视频创作者想要快速地获取流量或利益，可以考虑选择贴近大众的选题。从大众的口味出发，创作出大众喜闻乐见的视频。纵观人类发展的长河，大众最为感兴趣的内容不外乎情感类，事关亲情、友情、爱情这3大类情感问题的视频，大多会引起人们的关注。

因此，短视频创作者可以从这一角度出发，设计出关于情感的故事情节来创作短视频，以获得更多用户的关注和为视频带来更多的流量。

2.1.4　注意事项

短视频创作者在遵循前面介绍的原则、准则的指导下进行选题策划，可以使这项工作事半功倍，但在策划选题的过程中，还需要注意一些“雷区”，不可逾越。如图2-2所示为短视频选题策划的注意事项。

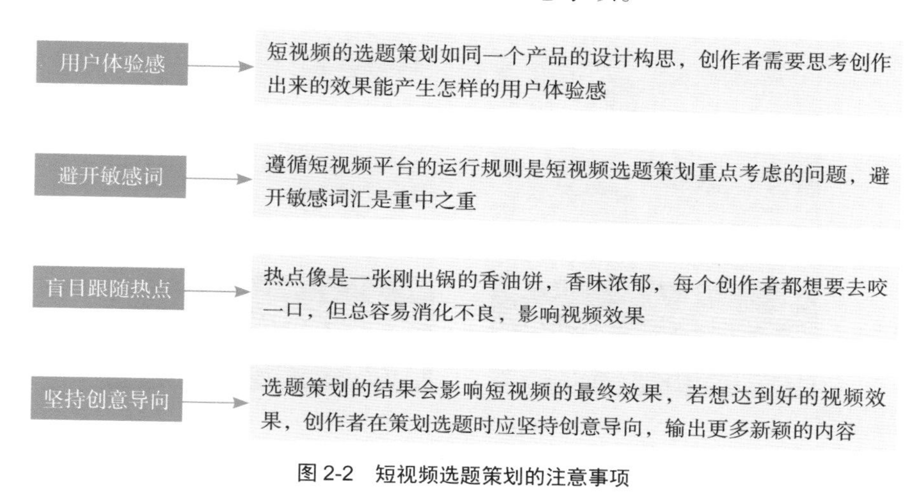

图 2-2　短视频选题策划的注意事项

2.1.5　建立选题库

短视频创作者若想要持续性地输出有价值的视频内容，可以建立自己的选题库，以指导视频内容的创作。一般而言，有3种选题库可供参考，如图2-3所示。

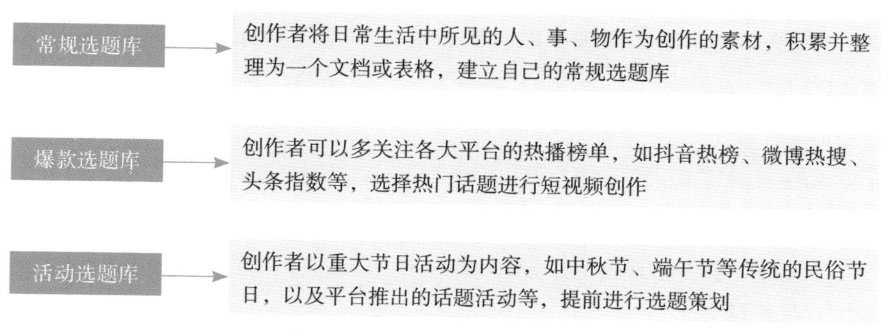

图 2-3　不同类型的短视频选题库

例如，中秋节即将来临之际，有短视频创作者以此为主题，提前策划出与中秋节相关的视频内容进行庆祝，如图2-4所示。

图 2-4　以中秋节为主题的短视频

★ 专 家 提 醒 ★

常规、爆款、活动 3 类选题库可以满足所有短视频创作者的需求，但创作者在具体的实践中应融入自己视频创作的风格，以保证视频内容的独特性与创意性。

2.2　选题方向：抓住热门选题

好的选题是创作出优质视频的基础，往往一个热门选题能够给视频带来非常高的初始热度。本节就为大家来介绍一下怎么选择热门选题。

2.2.1　热门话题

在短视频平台中有各种各样的话题，所以选题众多。在思考如何策划选题的情况下，可以参考已有的热门话题。

（1）女性话题

在中国的市场经济中，女性消费占比较大，对经济社会起着非常重要的作用。在一个家庭中，女性往往扮演了多种角色，并且掌握了消费决策权，这也就说明了女性的消费市场是一个潜在的广阔市场，所以女性的话题往往是热门话题。那么，有哪些女性向话题呢？

① 彩妆

毫无疑问，彩妆类话题必是其中之一。一般来说，彩妆类话题的视频主要包括 4 种，第一种是彩妆单品推荐类视频，如图 2-5 所示；第二种是试色类视频，如图 2-6 所示。

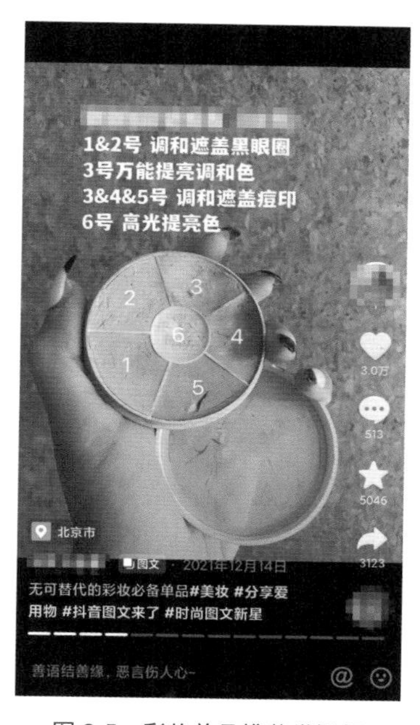

图 2-5　彩妆单品推荐类视频

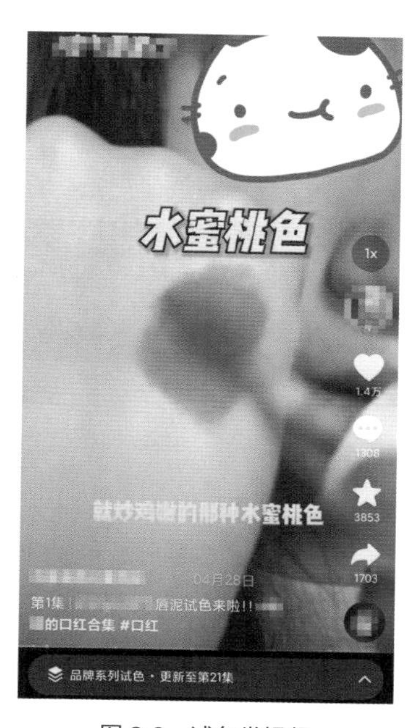

图 2-6　试色类视频

第三种是仿妆类视频，仿妆教程对运营者的技能要求比较高，不仅要求运营者会化妆，还要求其掌握仿妆对象的化妆方法；第四种是化妆教程类视频。

② 护肤

护肤也是女性向话题中必不可少的一个话题。现在的女性越来越注重保养自己的皮肤，因此也就产生了许多护肤类的视频。目前，在短视频平台中，护肤类视频一般有护肤单品推荐、护肤知识的科普等。

③ 美发

头发的打理也是女性关注的一个热门话题，每当女性出去游玩、约会的时候，往往也会将头发的打理当作重要一环。一般来说，美发一般包括发型设计、编发教程、头发护理、烫染设计等话题，如图2-7所示。

④ 时尚

时尚这个概念比较宽泛，有时尚单品、时尚穿搭等，因此可以根据其排行等相关信息，选取合适的关键词。

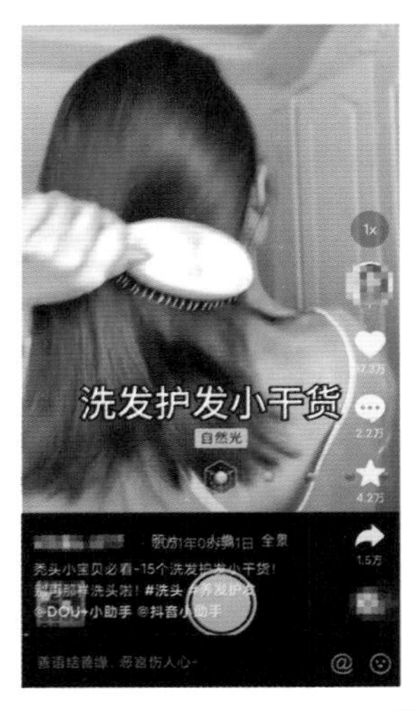

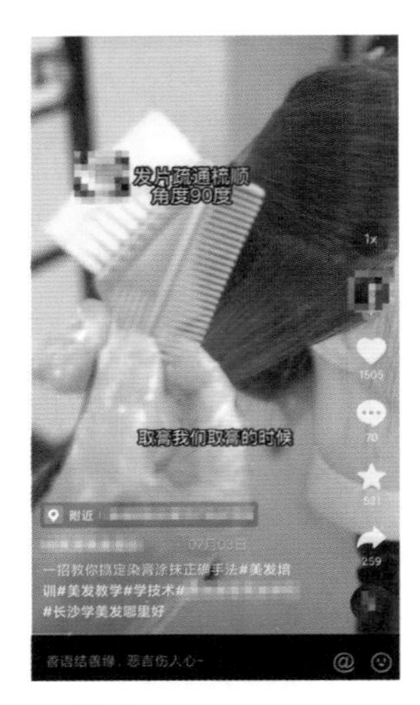

图 2-7　美发话题类视频

⑤ 减肥塑形

随着现在人们审美观念的不断变化，人们对自己健康的重视程度逐渐提升，越来越多的女性加入减肥塑形的队伍之中，并且对健康减肥的关注度不断提高。因此，在短视频平台中，减肥塑形的话题也是女性向热门话题之一。

除此之外，还延伸出了减肥技巧、减肥过程记录、减肥教程等。一些专业人士可以在短视频平台上推出减肥教程，非专业人士可以将自己的减肥过程记录下来。

⑥ 穿搭

人们常说“衣食住行”，可见衣是首位。一个人的穿搭往往能够看出一个人的性格。如今，越来越多的女性注重改变自己，不光是从发型、妆容等方面，穿搭也在其中。

短视频平台中的穿搭是一个比较热门的话题，尤其是女性穿搭，其中穿搭类视频还进行了细分，如155小个子穿搭等。目前，在短视频平台中，穿搭视频的内容主要是各式各样的穿搭模板，用户可以根据自己的喜好进行选择。

（2）出行攻略类话题

随着经济的不断发展，人们的生活逐渐富足，越来越多的人会在假期选择外出旅游。而网络技术的发展，给了人们能够在网络上搜索攻略的机会，短视频平台便是其中之一。在短视频平台中，出行攻略类的热门话题主要包括两个，一个是旅行，另外一个是探店。

① 旅行

很多短视频平台的运营者在自己旅行后，会将旅途中的风景分享出来，而这些优美的图片能够吸引更多的粉丝关注。此外，运营者们在自己旅行之后还可以将自己的攻略发布出来，这样在用户去景点游玩之前，便可以搜索到你发布的视频。

② 探店

探店与旅行有相似之处，都是通过自己去体验，然后向用户分享自己的感受，提供种草或排雷建议，如图2-8所示，有的视频还会加入团购的标签。

图 2-8　探店类视频

（3）学习技能类话题

在短视频平台上，学习技能类话题也占有一定的比例。对于一些能够帮助用户提升自己知识储备的笔记，也会引起用户的观看兴趣。

① 读书笔记

读书笔记类话题主要包括一些读书笔记的分享、书单推荐等。这种视频可能是图文视频的形式，也可以是运营者出镜为用户介绍书籍的形式。

② 工作学习

工作学习类话题一般以干货类视频为主，如工作计划、学习计划、日常学习、时间管理等。想要选择这类话题的人最好有相关的理论知识，或者自身的经验、方法，然后根据自己的知识储备和经验来创作。

这类运营者最好在个性签名或自我介绍中将自己的学习或工作的相关经验写进去，这样发布的相关视频才更有说服力。

③ 手工制作

手工制作的领域很广，根据不同的分类下面又有着不同的种类。这类内容都要求运营者有一定的专业知识。

手工制作这个话题本身就存在着互动性及趣味性，而且简单的手工制作也不是很难。因此，一些喜欢手工制作且有一定手工制作能力的人可以选择这个话题进行视频创作，如图2-9所示。

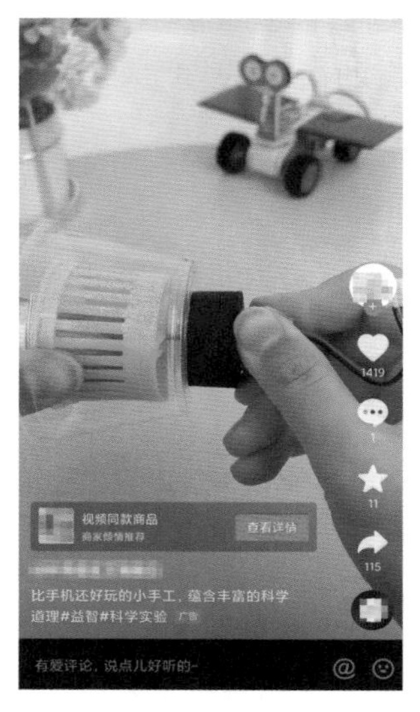

图 2-9 手工制作类视频

④ 摄影

在学习技能类话题中，还包括摄影这类话题。有很多摄影爱好者都会分享自己拍摄的作品，一些专业的摄影人员还会在平台上讲述自己的摄影技巧等。目前，摄影在短视频平台上也有着较高的热度。

（4）娱乐影音类话题

娱乐影音类视频是大部分人最爱浏览的，因此在各大平台中，娱乐影音类话题一直都是用户关注的热门话题之一。在短视频平台中，娱乐影音类话题主要包括影视推荐、明星及音乐分享等。

① 影视推荐

影视推荐，顾名思义，便是将一些影视剧以视频、图文的形式分享出来。在短视频平台中，有的运营者通过将热门电视剧、电影中的亮点剪辑出来，吸引用户去观看，或者对近期热门的电视剧进行解读。

除此之外，还可以将自己喜爱的或宝藏电视剧、电影、纪录片以图文的形式分享出来，如图2-10所示。

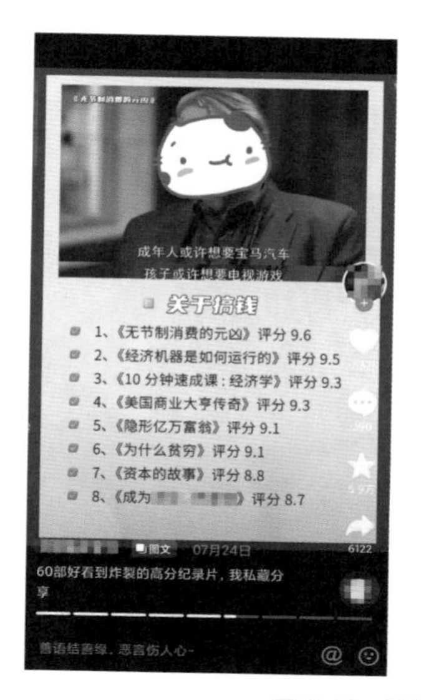

图 2-10　影视推荐类视频

② 明星

明星自带热度，不管是哪个平台，明星的入驻一般都能够带来一定的流量。因此，我们可以结合明星的一些相关元素制造话题。例如，明星仿妆、明星同款等，如图2-11所示。

图 2-11　明星类话题视频

③ 音乐分享

在娱乐影音类中，音乐分享也是一个热门话题，其中包括歌单推荐、主题歌单等，如图2-12所示。

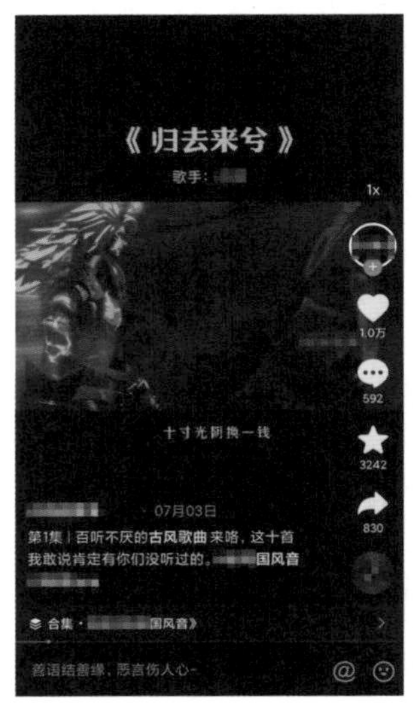

图 2-12　音乐分享类话题视频

（5）科技电子类话题

科技电子类话题也是一个热门话题，主要包括科学实验、电子产品等。科学实验最好是生活中能够实现且安全性较强的实验，防止出现安全问题，如图2-13所示。电子产品类话题要求博主对各类产品有一定的了解，专业性较强，如图2-14所示。

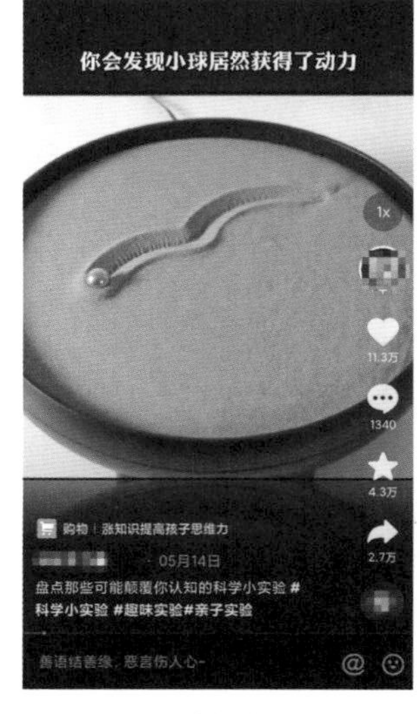

图 2-13　科学实验类话题视频

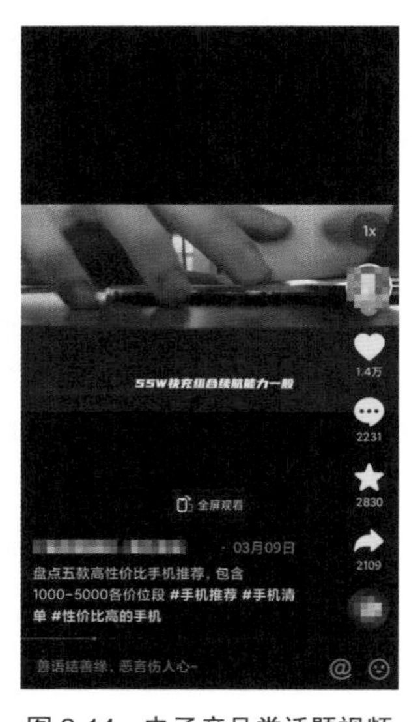

图 2-14　电子产品类话题视频

（6）生活记录类话题

在短视频平台中，生活记录类话题是必不可少的，而且在平台中，不管是学生还是宝妈，都乐意在平台中分享自己的生活。目前，在短视频平台中，生活记录类相关话题主要有以下6种。

① 生活日常

生活日常这个话题包含许多种类，也能够与其他的话题合并，例如工作日常、护肤日常等，如图2-15所示。

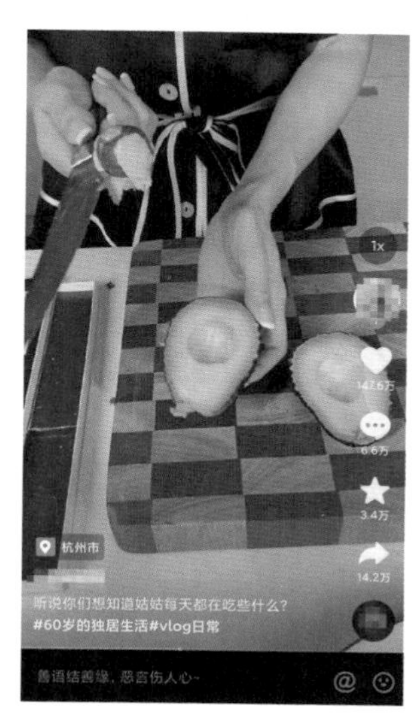

图2-15　生活日常类话题视频

② 晒娃日常

在短视频平台中，晒娃也是热门话题之一。随着亲子节目的走红，以及网络的快速发展，越来越多的父母喜欢将自己的娃娃展现在网络上。通过将娃娃可爱的、搞笑的瞬间发布出来，也能够吸引一大群用户的关注。

一般来说，这类话题主要是将自己娃娃的日常分享出来，但是如果自己没有娃娃的话，可以选择一些热门的萌娃视频进行剪辑，发布主题类的萌娃视频，也能够获得用户的关注。

③ 宠物日常

一些喜爱宠物却又不打算自己养宠物的用户大多会在网络上关注这一话题。并且，一些宠物的搞笑视频也能够很好地吸引用户的注意，如图2-16所示。

④ 搞笑视频

搞笑内容一般都是热门的话题，大多数人都喜欢在放松的时候观看搞笑视频。一般来说，搞笑视频的形式有很多种，如影视剧的片段剪辑、自制的搞笑视频和搞笑对话的剪辑等。

图 2-16　宠物日常类话题视频

⑤ 家居装潢

家居装潢类话题主要包括租房改造、家居装修、家居好物推荐等，如图2-17所示。

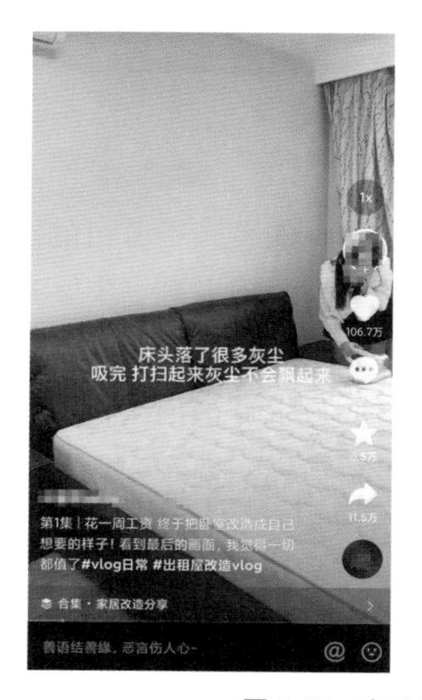

图 2-17　家居装潢类话题视频

⑥ 生活妙招

除了以上5种热门话题，还有生活小妙招。这类话题主要是干货整理类，其形式可以是图文视频，如图2-18所示。

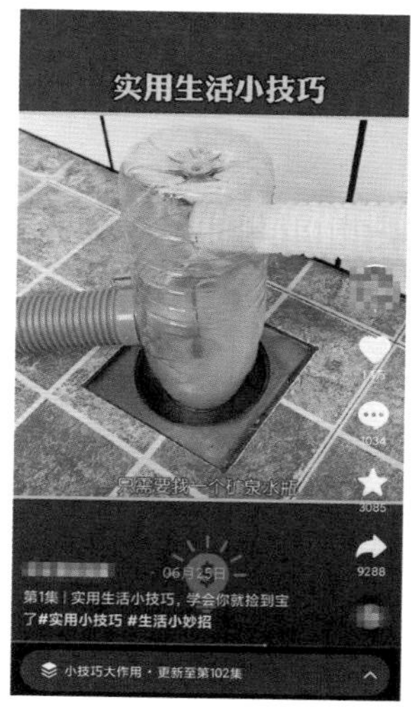

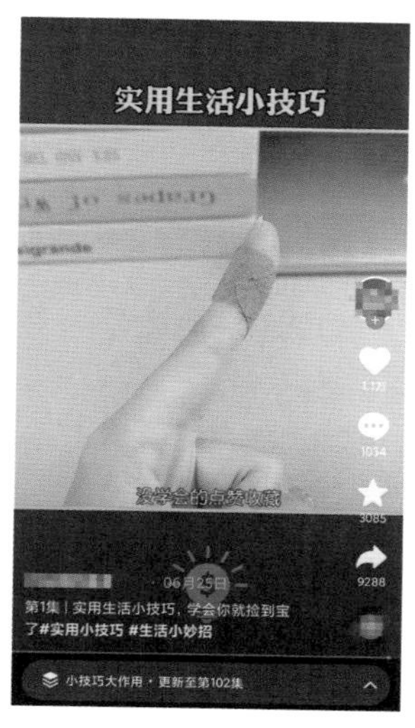

图 2-18　生活妙招类话题视频

（7）知识普及类话题

知识普及类话题比较广泛，可以普及日常生活中的小知识，也可以普及女性健康知识等，并且知识普及类的话题也是人们比较喜欢的话题，下面我们就针对其中的一两个话题进行介绍。

① 花草知识

花草知识也算是知识普及类中比较热门的话题，一些爱花的专业人士可以将自己的相关知识发布出来，可以是花草种类的相关知识，也可以是花草种植的相关教程等。与这类话题相关的文章有一定的价值，能让用户在观看后了解相关的知识，并且有不懂的会在评论区留言，运营者可以针对这些问题进行回答，既增强了互动性，也提高了热度，如图2-19所示。

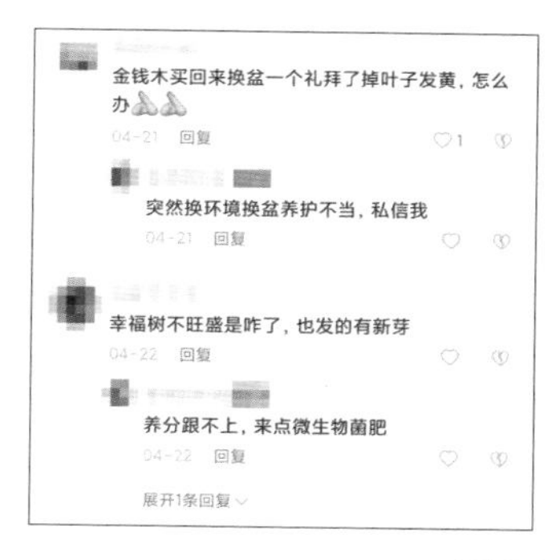

图 2-19　评论区讨论

② 养生知识

随着人们的健康意识越来越强，越来越多的人开始关注自己的健康问题，并加入养生队伍。目前，养生知识也是一大热门话题，这类话题主要包括饭后养生、冬季养生、食补知识等，如图2-20所示。

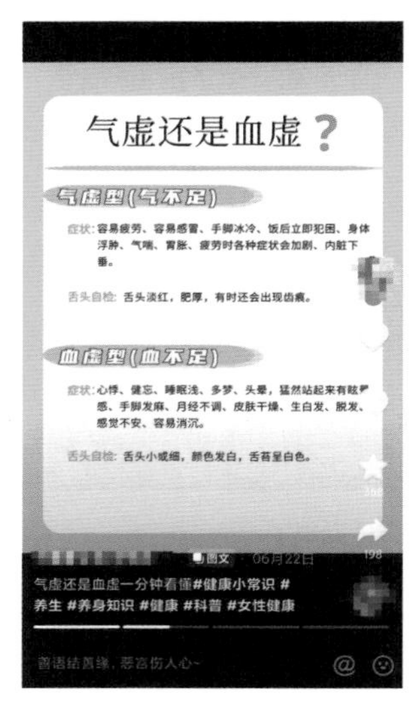

图 2-20　养生知识类话题视频

2.2.2　根据热点裂变话题

除了可以在以上这些热门话题中进行选择，还可以根据当下的热点去挖掘一些新的热门话题。

在当今时代，信息快速更迭，会不断有新的热点出现，因此你需要抓住每一个机会。当热点出现时，根据用户的需求及喜好将热点裂变成一个创作话题。那么，如何把握机会，挖掘新的话题呢？可以通过以下几种方式。

（1）把握时机，追逐热点

这一点要求我们要对热点具有一定的敏感度，当热点即将来临的时候，就能够感知到。有的热点时效性非常强，其火爆的时间比较短，往往当人们还没反应过来的时候，其红利期就已经过去了。对于这些热点，最能够打造爆款视频的时候一般都是热点刚刚出现的时候。

例如，年后一般是求职的最热期，因为辞职的人大多会选择年后，然后找新的工作。因此，创作者可以抓住年后这个时机，创作与求职相关的短视频，也可以提供一些求职干货分享，如求职的正确步骤、求职面试问题汇总等。

（2）推陈出新，挖掘热点

当然，我们追逐热点，并不是一味地跟随热点。在利用热点进行创作的时候，一定要对其加以改变，加上自己的创意及个性，这样这个热点才能真正地为自己的创作助力。

当一个热点出现的时候，网络上许多运营者都会利用这个热点进行创作。当热点发酵到一定程度时，观众便会感到视觉疲劳。然而，只要将热点与自己的个人特色融合，再进行创新，就能带来更多的热度。

（3）换位思考，精准捕捉

当根据热点进行创作的时候，一定要换位思考，考虑你的目标对象想看什么、喜欢什么。站在目标对象的角度去思考该如何创作，那么创作出来的文章才能更加精准地捕捉到目标对象的心理。

例如，当你的目标对象是孕妇的时候，那么你就可以从孕妇的角度出发，思考孕妇在观看这个热点时最关注的是什么，然后再进行创作。

2.2.3　在关键词中挖掘选题

在短视频平台中，关键词也可以作为策划选题的依据之一。当在关键词中挖掘选题的时候，可以把以下3个方面当作切入口。

（1）搜索发现

在短视频平台的搜索界面中，如抖音App，其下方的“抖音热榜”栏目会向用户呈现近期抖音中最热的话题，如图2-21所示。

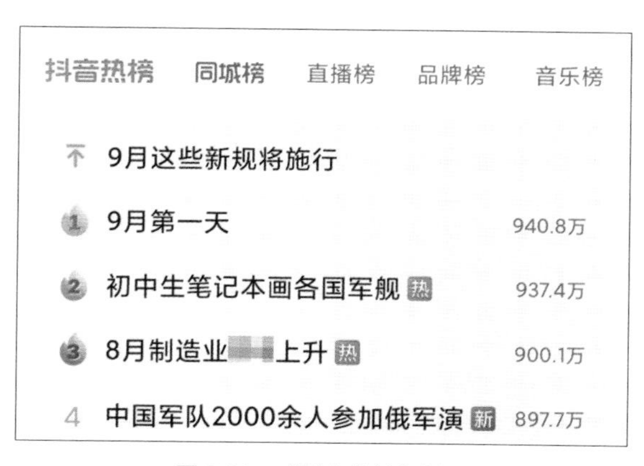

图 2-21　“抖音热榜”栏目

（2）搜索框中的联想词

在很多平台中，当用户在搜索框中输入一个词时，便会出现与之相关的联想词。短视频平台也是如此，如图2-22所示。当输入“口红”及“旅行”等相关词条的时候，便会出现与之相关的联想词。

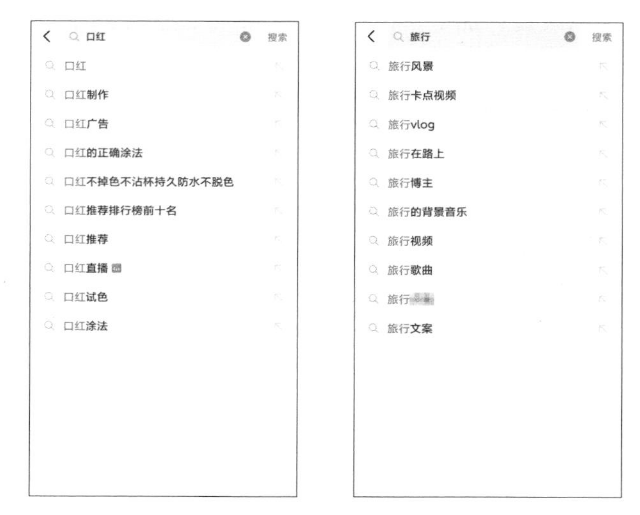

图 2-22　短视频平台搜索框中的联想词

一般来说，这些词往往定位精准，当用户点开这些词条的时候，所呈现的视频中的内容都会是与搜索的词相关的。

（3）细分关键词

在根据“搜索发现”栏目及搜索框中的联想词挖掘出需要的热门关键词后，还可以对这些词进行细分。例如，在“租房改造”这个关键词中细化出“租房改造好物推荐”。将关键词细分的话，缩小了选题可选择的范围，能够更加精准地找到用户。相比于其他大范围，这种方式竞争相对较少。

但是在关键词中挖掘选题的时候，一定要注意两点，一是切勿在笔记中堆砌关键词；二是在标签中加入关键词，如图2-23所示。

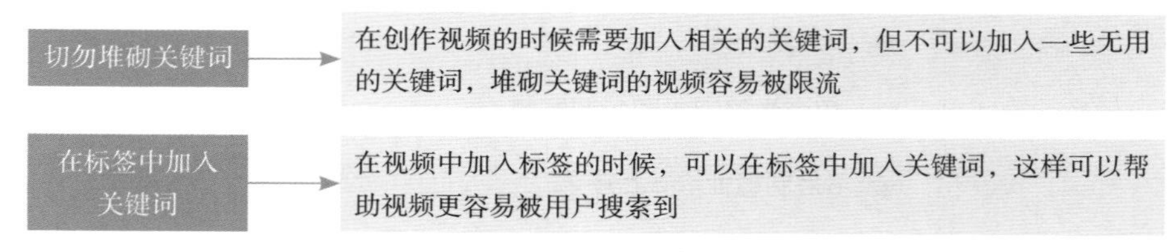

图 2-23　在关键词中挖掘选题应注意的两点

总的来说，利用关键词是提高视频热度的一个重要方式，挖掘出正确的关键词，发布的视频往往更能被用户搜索到，而且如果加上一定的创新，会更加吸引用户的关注，进而加大视频的曝光力度。

2.3　专题策划：深入探讨话题

在确定好选题后，根据情况还可以尝试做一些专题策划。一方面，专题策划可以提升账号的垂直性；另一方面，专题策划能够产出更多相关的内容，也更容易留住用户。

那么，怎么做专题策划呢？主要有3种方式，一是针对网络上的热门现象做专题策划；二是针对原生内容做专题策划；三是针对可预见的重大事件做专题策划。本节就针对这3种方式进行介绍。

2.3.1　热门现象

热门现象一直深受观众喜爱。在过年期间，相亲一直是这段时间提及较多的话题，因此可以在这个时期做几期与相亲相关的系列专题，如图2-24所示。

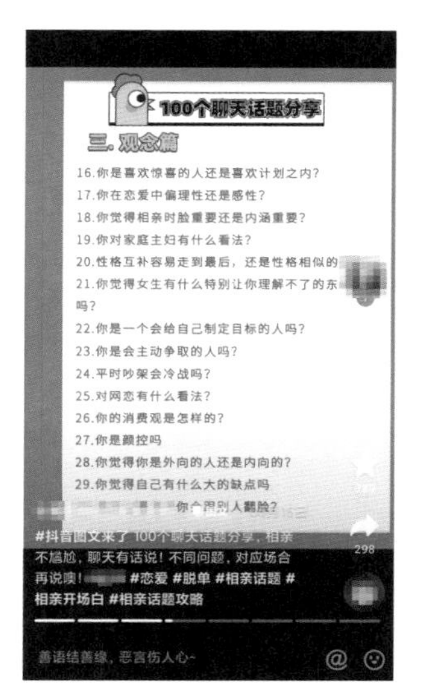

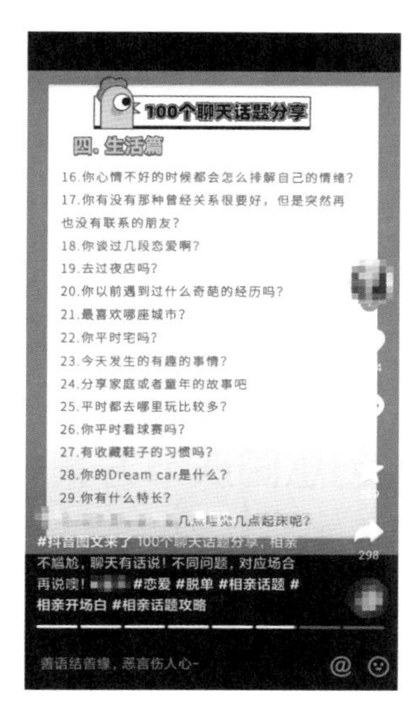

图 2-24　相亲系列视频

2.3.2　原生内容

除了针对网络上的热门现象，还可以根据短视频平台中的原生内容话题进行专题策划，对相关的内容进行整合创作。

学习技能类属于原生热门话题，运营者可以通过将这些内容整合起来做专题策划。比如，学习类可以专门设置女性书单、寒假书单、月份书单等专题，食谱可以做一人食专题、轻食指南等，如图2-25所示。

图 2-25　食谱类原生内容类专题策划案例

2.3.3　可预见的重大事件

像国庆节、双十一、春节这些都是可预见的重大事件、节日，因此运营者可以提前进行预热，如图2-26所示。另外，当运营者就相关的内容创作视频时，内容一定要与自己的账号内容相关，不可为了追逐热点而忘记了账号的垂直性。

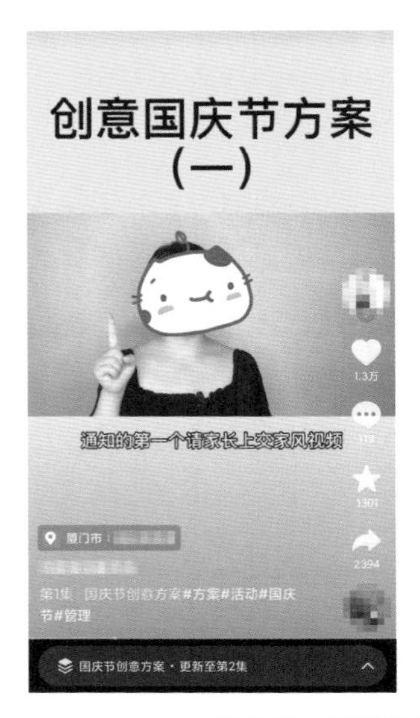

图 2-26　可预见的重大事件相关视频

第3章

内容策划：决定一条短视频的成败

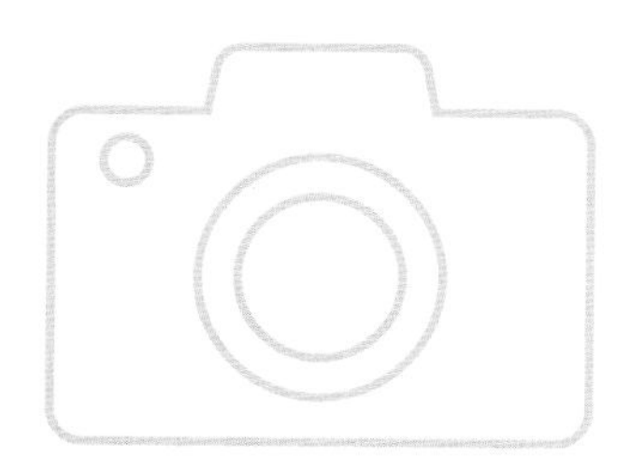

做好短视频运营的关键在于内容，内容的好坏直接决定了账号的成功与否。观众之所以关注你、喜欢你，很大一部分原因就在于你的内容成功吸引了他，打动了他。本章主要介绍短视频的内容策划技巧，帮助大家打造爆款内容。

3.1 爆款内容：轻易获得点赞

有些用户在刷到有趣的视频之后会点击关注，但不会专门去看这些博主的新视频。所以，运营者的短视频只有上热门被推荐，才能被更多的人看到。而要想让自己的视频上热门，最好的方法便是打造一个爆款内容。那么，怎么打造爆款内容呢？本节我们便来看一下打造爆款内容的具体情况。

3.1.1 了解推荐算法

要想成为短视频领域的超级IP（intellectual property，知识产权），我们首先要想办法让自己的作品火爆起来，这是打造IP的一条捷径。如果运营者没有那种一夜爆火的好运气，则需要一步步脚踏实地地做好自己的短视频。当然，这其中也有很多运营技巧，能够帮助运营者提升短视频的关注度，而平台的推荐机制就是不容忽视的重要环节。如图3-1所示为推荐算法的相关内容。

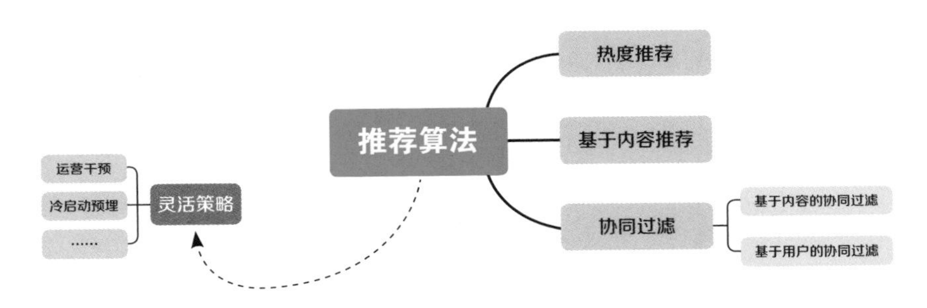

图 3-1 推荐算法的相关内容

值得注意的是，在抖音平台中，运营者发布到该平台的短视频需要经过层层审核，才能被大众看到，其背后的主要算法逻辑分为3个部分，分别为智能分发、叠加推荐及热度加权。

3.1.2 确定剧本方向

短视频平台上的大部分爆款短视频，都是经过运营者精心策划的，因此剧本策划也是成就爆款短视频的重要条件。短视频的剧本可以让剧情始终围绕主题，保证内容的方向不会产生偏差。

在策划短视频剧本时，运营者需要注意以下几个规则。

（1）选题有创意。短视频的选题尽量独特、有创意，同时要建立自己的选题库和标准的工作流程。这不仅能够提高创作的效率，而且还可以刺激观众持续观看的欲望。例如，运营者可以多收集一些热点加入选题库中，然后结合这些热点来创作短视频。

（2）剧情有落差。短视频通常需要在短时间内将大量的信息清晰地叙述出来，因此内容通常都比较紧凑。尽管如此，用户还是要脑洞大开，在剧情上安排一些高低落差来吸引观众的眼球。

（3）内容有价值。不管是哪种内容，都要尽量给观众带来价值，让用户值得为你付出时间成本，来看完你的视频。例如，做搞笑类的短视频，就需要能够给用户带来快乐；做美食类的视频，就需要让用户产生食欲，或者让他们有实践的想法。

（4）情感有对比。短视频的剧情可以源于生活，采用一些简单的拍摄手法，来展现生活中的真情实感，同时加入一些情感的对比。这种内容更容易打动观众，主动带动用户情绪。

（5）时间有把控。运营者需要合理地安排短视频的时间节奏。以抖音为例，默认拍摄15秒的短视频，这是因为这个时长的短视频是最受观众喜欢的，短于7秒的短视频不会得到系统推荐，而高于30秒的短视频观众又很难坚持看完。

策划剧本，就好像写一篇作文，有主题思想、开头、中间及结尾，情节的设计就是丰富剧本的重要方式，也可以看成是小说中的情节设置。一篇成功地吸引人的小说必定少不了跌宕起伏的情节，短视频的剧本也一样，因此在策划时要注意3点，如图3-2所示。

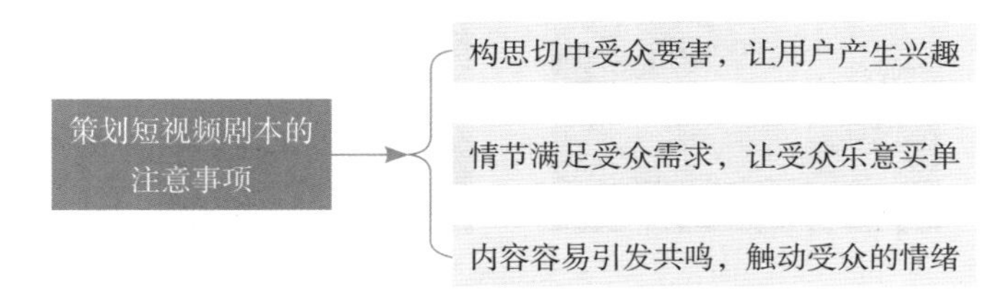

图 3-2　策划短视频剧本的注意事项

3.1.3　5 大基本要求

前段时间，笔者写了一篇短视频快速引流吸粉的文章，文章下方留言的读者数不胜数。有的读者说方法实用，有的读者说逻辑明了，还有的读者说内容不错，但是也出现了一些不一样的声音，他们在竭力反驳笔者的观点。

笔者印象最深的是某读者的评论：“只有自拍形式的短视频才有上热门推荐的机会，官方不允许上传其他形式的短视频。”该评论下嘘声一片，甚至有评论指责该读者为“抖音菜鸟”。

笔者认真翻阅了读者的评论之后并没有勃然大怒，而是深刻反思：究竟还有多少运营者没有深入了解短视频及其平台？笔者沉思良久，这样的运营者应该不在少数，快手和抖音只是搭建了一个平台，但是具体内容还是靠运营者自己摸索。因此，下面笔者将对短视频平台目前播放量最火的视频做个总结，给大家作为参考和提供方向，让短视频运营者少走弯路。

首先，对于上热门，短视频平台官方提出了一些基本要求，这是大家必须知道的基本原则，下面将介绍具体的内容。

（1）个人原创内容

抖音上“××讲狗”这个账号发布的内容基本上都是与狗有关的个人原创内容，科普养狗知识，如图3-3所示。

图 3-3　“××讲狗”的原创视频

从此案例可以知道，短视频上热门的第一个要求就是：上传的内容必须是原创短视频。在笔者接触的短视频运营者中，某些人甚至不清楚自己该拍摄什么内容。其实，短视频内容的选择很简单，运营者可以从以下4个方面入手。

① 用短视频记录生活中的趣事。

② 学习短视频平台上的热门舞蹈，并在自己的短视频中展示出来。

③ 运营者可以在短视频中使用丰富的表情和肢体语言。

④ 用短视频的形式记录旅行过程中的美景或自己的感想。

另外，运营者也可以学会换位思考，站在粉丝的角度思考问题：“如果我是该账号的粉丝，我希望看到什么类型的短视频？”不用说，对于搞笑类的短视频，用户绝对会点赞和转发。当然，用户还喜欢哪些类型的短视频，需要运营者做画像分析。

例如，某个用户想要买车，那么他所关注的短视频大概是汽车测评、汽车质量鉴别和汽车购买指南之类的；再例如，某个人身材肥硕，一直被老婆催着减肥，他关注的一般都是减肥类账号。因此，用户关注的内容就是运营者进行创作的方向。

（2）视频内容完整

一般来说，标准的短视频时长应该是15秒。当然，也有时长超过一分钟的短视频。在如此短的时间内，运营者要保证内容的完整度，相对来说这是比较难的。在短视频平台上，内容完整的短视频才有机会被推荐上热门。如果运营者的短视频卡在一半就强行结束了，用户是很难喜欢此类短视频的。

如图3-4所示为某运营者在抖音发布的一条短视频。在该短视频中，当男主角揭开面具时，画面突然弹出“未完待续”，整条视频就此结束，严重影响了用户观看短视频的心情。

图 3-4　抖音上不完整的短视频

（3）没有产品水印

热门短视频不能带有其他平台的水印。比如抖音平台，它甚至不推荐短视频运营者使用不属于抖音的贴纸和特效。如果运营者发现自己的素材有水印，可以利用Photoshop、一键去除水印工具等将水印去除。如图3-5所示为一键去水印的微信小程序。

图 3-5　一键去水印的微信小程序

（4）高质量的内容

在短视频平台上，短视频的质量才是核心。即使是“帅哥美女遍地走”的抖音，我们也能发现其内容远比颜值重要。只有短视频的质量够高，才能让用户有观看、点赞和评论的欲望，而颜值只不过起锦上添花的作用而已。

运营者想要自己的短视频上热门，一要保证内容质量高，二要保证短视频清晰度高。短视频引流是一个漫长而又难挨的过程，运营者要心平气和，耐心地拍摄高质量的短视频，积极地与粉丝互动，多学习热门的剪辑手法。笔者相信，只要有足够的付出，运营者一定可以拍摄出热门短视频。

3.1.4　6 大热门内容

运营者想要通过产品进行变现，就需要对爆款产品时刻保持敏锐的嗅觉，及时地去研究、分析和总结这些产品“爆红”的原因。切忌一味地认为成功的爆款产品都是“一时运气而已”，而是要思考它们“爆红”的规律，多积累成功的经验。运营者只有站在“巨人的肩膀”上，才能看得更高、更远。下面笔者总结了一些热门短视频的内容类型，提供给大家作为参考。

（1）颜值即正义

为什么把“高颜值”的帅哥美女摆在第一位呢？笔者总结这一点就是通过快手和抖音平台的数据作为依据的。

以抖音短视频为例，根据最新数据显示，抖音粉丝排行榜前10位的基本都是高颜值的明星，他们的粉丝数量都达到了千万级别，并且粉丝的黏性非常高。

由此不难看出，颜值是短视频营销的一大利器。只要运营者长得好看，即便没有过人的才华，只需唱唱歌、跳跳舞，随手拍个视频，说不定就能吸引一些粉丝。这一点其实很好理解，毕竟“爱美之心，人皆有之”。而事实上，用户看短视频纯粹是打发时间，更何况视频中出镜的还是帅哥美女，这就更加令人赏心悦目了。

（2）搞笑视频段子

幽默搞笑类的短视频一直都不缺观众。许多用户抱着手机哈哈大笑，主要就是因为其中很多短视频能让人忘记烦恼，暂时得到放松。因此，那些笑点十足的短视频很容易在平台上被“引爆”。如图3-6所示，可以看到搞笑话题短视频的播放量达上千亿次。

图 3-6　搞笑类话题

（3）自身才艺双全

“才艺”所指代的范围很广，它主要包括唱歌、跳舞、摄影、绘画、书法、演奏、相声和脱口秀等。一般来说，短视频中展示的才艺独具特色，并且能够让用户赏心悦目，那么短视频很容易就能上热门。

下面笔者分析和总结了一些“大V”们不同类型的才艺内容，看看他们是如何获得成功的。

① 演唱才艺

例如，“阿××”歌声非常好听，还曾唱过电视剧的OST（Original Sound Track，原声配乐），展示非凡的实力。这也让“阿××”从默默无闻到拥有了超过300万粉丝。如图3-7所示为“阿××”的抖音主页及相关短视频。

图 3-7 “阿××”的抖音主页及相关短视频

② 舞蹈才艺

抖音上一些运营者给许多用户留下了深刻印象，有的舞者的舞蹈非常炫酷，令人难忘；有些舞者单纯美好的甜美笑容也足够让人念念不忘，拍的舞蹈视频也很有青春活力，给人朝气蓬勃、活力四射的感觉，跳起舞来更是让人心旌摇曳。如图3-8所示为某位舞者的抖音短视频。

图 3-8 某位舞者的抖音短视频

塑造个人IP的方法不胜枚举，而其中一种重要方法就是展示才艺。随着IP塑造成功，运营者可以吸引大量精准粉丝，为IP变现做好充足的准备。因此，短视频运营者如果拥有出众的才艺，可以尝试通过才艺的展示来打造个人IP。

③ 演奏才艺

对于一些学乐器的，特别是在乐器演奏上取得一定成就的运营者来说，展示演奏才艺的视频内容只要足够精彩，便能快速吸引大量用户的关注。

如图3-9所示为演奏才艺的视频案例，该运营者发布的视频内容主要是在国外街头进行古筝演奏，而且该运营者每次演奏时都会穿着中国传统服饰汉服。通过这种方式，运营者很好地宣扬了我国的传统文化，也吸引了大量的外国现场观众和国内平台用户。

图 3-9　在国外街头进行古筝演奏

（4）利用反差创造新意

根据企鹅调研平台的《抖音/快手用户研究数据报告》显示，在抖音和快手这两个平台上，最受欢迎的短视频类型都是搞笑类。其中，抖音短视频平台上搞笑类短视频的占比高达82.3%，快手平台上搞笑类短视频的占比也达到了69.6%。在后现代解构主义中——戏仿、恶搞或重新解读经典，是“恶搞”的精髓，最典型的是《大话西游》因大学生的解构，一跃成为影视经典。

当然，在抖音和快手等短视频平台上，各种恶搞和戏仿的短视频不在少数。因此，运营者要拍摄或剪辑出热门的短视频，笔者建议运营者灵活运用“搞笑”手法，将经典桥段进行反向改编，创造出新意。

网络上最打动笔者的一句话是：抖音网红 × × 哥的成功意味着上天眷顾这个时代有梦想和在努力的人。

× × 哥曾流浪10年，后来他在选秀节目上的恶搞唱法被哔哩哔哩弹幕网UP主恶搞，凭借一首《烤面筋》火遍全网。如今他的粉丝数量超过了500万，但他依然在坚持着自己的音乐梦想，同时依然在发布搞笑视频，如图3-10所示。

图 3-10　×× 哥的抖音短视频

又比如，抖音某运营者还在上大学时就经常拍一些有趣的真人表情包。他标志性的表情就是嘟嘟嘴，此外他还戏仿其他的抖音网红，因此吸引了许多用户的关注和转发。

虽然他的长相并不出众，但搞笑功力十分深厚，他能轻松将各种表情完美地演绎出来，甚至他的表情包成了网友们的“斗图神器”。

（5）五毛钱的特效

在短视频平台上，存在很多不愿意露脸的网红，他们不靠颜值取胜，而是靠创意来取胜。运营者的创意主要靠日常的积累，比如，可以多关注一些经常出爆款内容的公众号，可以从中直接拿过来当作自己的编辑素材，或者利用发散性思维添加自己的创意。那些可以引爆朋友圈的内容，在短视频平台上也能很快火爆起来。

抖音官方经常会举办有关“技术流”的挑战赛，旨在鼓励运营者创作出更高质量的短视频。另外，运营者也可以给短视频添加一些小道具，让短视频内容看起来更具风格。总之，短视频的创作有无限种可能，运营者可以利用特效或小道具，拍摄出非常抢眼的短视频。

例如，抖音平台上有一位技术流达人慧慧周，她拍摄的短视频效果非常酷炫，是抖音平台的技术流“大神”，如图3-11所示。

图 3-11　慧慧周的短视频作品

（6）旅游所见美景

目前，短视频的内容越来越丰富，比如，山水美景、星空摄影和旅游风光类型的短视频数不胜数。这些短视频大多能激起用户“说走就走”的心灵共鸣，让很多想去而去不了的人产生心理上的满足感。短视频平台也乐于推荐这类高质量的短视频，比如抖音有“拍照打卡地图”功能，同时也发布了很多示范打卡地图的短视频，积极引导运营者创作相关的作品。

随着抖音的火爆，很多网红景点顺势打造爆款IP。例如，“《西安人的歌》+摔碗酒”成就西安旅行大IP；“穿楼而过的轻轨+8D魔幻建筑落差”让重庆瞬间升级为超级网红城市；“土耳其冰淇淋”让本就红火的厦门鼓浪屿吸引了更多慕名而来的游客。网红经济时代的到来，使得城市地标不再只是琼楼玉宇，还可以是一面墙、一座码头。

城市宣传从“抖音同款”这个功能上寻找到了新的突破口，通过一条条短视频，城市中每个具有代表性的特产、建筑和工艺品都被浓缩成可见可闻的物体，再配以特定的音乐、滤镜和特效，可以极大限度地呈现出超越文字和图片的感染力。

如图3-12所示为抖音网红景点，该抖音网红景点是河南洛阳的老君山。老君山因其美景火遍全网，许多网友在看到老君山的美景后纷纷将老君山列入了出门游玩的地点名单之中。

图 3-12　抖音网红景点

目前，“远赴人间惊鸿宴，一睹人间盛世颜”成了每个到老君山拍摄打卡视频的标配，基本上大多数的老君山视频中都会出现这句诗。此外，因为老君山山顶较高，上山的时间较长，有很多游客都会在山顶吃泡面，因此不少网友都调侃道：“远赴人间惊鸿宴，老君山顶吃泡面。”

3.1.5　6 大拍摄题材

很多运营者在拍摄抖音、快手等短视频时，不知道该拍什么内容？不知道哪些内容容易上热门？笔者在下面给大家分享了6大爆款短视频内容，即便你只是一个普通人，只要你的内容戳中了“要点”，也可以让你快速蹿红。

（1）搞笑类短视频

运营者打开抖音或快手，随便刷几条短视频，就会发现其中很多是搞笑类短视频。毕竟短视频是人们在闲暇时间用来放松或消遣的娱乐方式，因此平台也非常中意这种搞笑类的短视频，更愿意将这些内容推送给用户，增加用户对平台的好感，同时让平台的气氛变得更为活跃。

运营者在拍摄搞笑类短视频时，可以从以下几个方面入手来创作内容。

① 搞笑剧情。运营者可以通过自行招募演员、策划剧本，来拍摄具有搞笑风格的短视频作品。这类短视频中的人物形体和动作通常都比较夸张，同时语言

幽默搞笑，感染力非常强。

② 创意剪辑。通过截取一些搞笑的影视短片镜头画面，配上字幕和背景音乐，制作成创意搞笑的短视频。例如，由“搞笑××君”发布的“憋笑挑战”系列短视频，主要通过剪辑某部电影中的搞笑画面或夸张的情节，配合动感十足的背景音乐，笑点很强，吸引了40多万用户点赞，获得了3.3万个评论，甚至很多观众评论的点赞数量都高达1万。

③ 犀利吐槽。对于语言表达能力比较强的运营者，可以直接用真人出镜的形式，来上演脱口秀节目，吐槽一些接地气的热门话题或各种趣事，加上非常夸张的造型、神态和表演，来给观众留下深刻印象，吸引粉丝关注。例如，抖音上有很多剪辑《吐槽大会》经典片段的短视频，点赞量都能轻松达到几十万。

在抖音、快手等短视频平台上，运营者也可以自行拍摄各类原创幽默搞笑段子，变身搞笑达人，轻松获得大量粉丝关注。当然，这些搞笑段子的内容最好来源于生活，与大家的生活息息相关，或者就是发生在自己周围的事，这样会让人们产生亲切感，更容易代入短视频的氛围之中，内心产生共鸣。

另外，搞笑类短视频的内容涵盖面非常广，酸甜苦辣应有尽有，不容易让观众产生审美疲劳，这也是很多人喜欢搞笑段子的原因。

★ 专 家 提 醒 ★

某些账号喜欢采用电视剧高清实景的方式来进行拍摄，通过夸张幽默的剧情内容和表演形式、不超过 1 分钟的时长、一两个情节及笑点来展现普通人生活中的各种“囧事”。

（2）舞蹈类短视频

除了比较简单的音乐类手势舞，短视频平台上还存在一批专业的舞者，他们拍的都是专业的舞蹈类短视频，个人、团队、室内及室外等类型的舞蹈应有尽有，同样讲究与音乐节奏的配合。例如，比较热门的有“嘟拉舞”“panama舞”“heartbeat舞”“搓澡舞”“seve舞步”“BOOM舞”“98K舞”“劳尬舞”等。舞蹈类玩法需要运营者具有一定的舞蹈基础，同时比较讲究舞蹈的力量感。如图3-13所示为98K舞蹈视频。

在拍摄舞蹈类短视频时，运营者最好使用高速快门，有条件的可以使用高速摄像机，这样能够清晰完整地记录舞者的所有动作细节，给用户带来更佳的视听体验。除了设备要求，这种视频对拍摄者本身的技术要求也比较高，拍摄时要跟随舞者的动作重心来不断地运镜，调整画面的中心焦点，抓拍最精彩的舞蹈动作。下面笔者总结了一些拍摄舞蹈类短视频的相关技巧，如图3-14所示。

图 3-13 98K 舞蹈视频

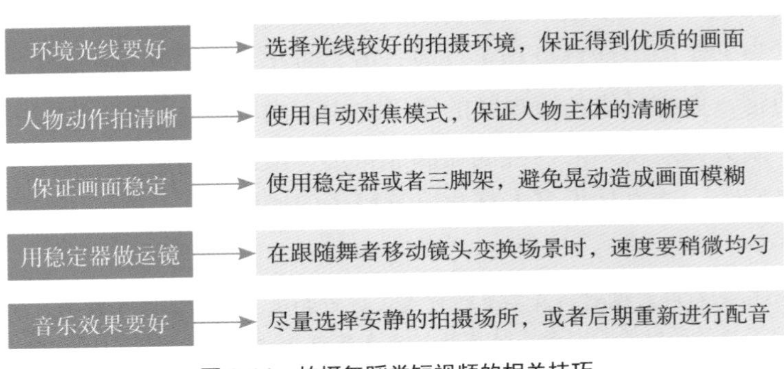

图 3-14 拍摄舞蹈类短视频的相关技巧

★ 专 家 提 醒 ★

如果运营者用手机拍摄，则需要注意与舞者的距离不能太远。由于手机的分辨率不高，如果拍摄时距离舞者太远，则舞者在镜头中就会显得很小，而且舞者的表情和动作细节也得不到充分的展现。

（3）音乐类短视频

音乐类短视频的玩法大致有3种，分别是原创音乐类、歌舞类及对口型表演类短视频。

① 原创音乐类短视频

原创音乐需要运营者有专业技能，且具备一定的创作能力，能写歌、会翻唱或会改编等，这里笔者不做深入探讨。例如，抖音平台推出了“音乐人计划”，调动了丰富的资源与精准算法，为音乐人提供独一无二的支持。有音乐创作实力的运营者可以入驻成为“抖音音乐人”，发布自己的音乐作品，如图3-15所示。

图 3-15　“抖音音乐人”的入驻平台和流程

② 歌舞类短视频

歌舞类短视频更偏向情绪表演，注重情绪与歌词的配合，对于舞蹈力量感等这些专业要求不是很高，只需有舞蹈功底即可。例如，音乐类的手势舞《我的将军啊》《小星星》《爱你多一点点》《体面》《我的天空》《心愿便利贴》《少林英雄》《后来的我们》《离人愁》《生僻字》《学猫叫》等，运营者只需按照歌词内容，用手势和表情将情绪传达出来即可，如图3-16所示。

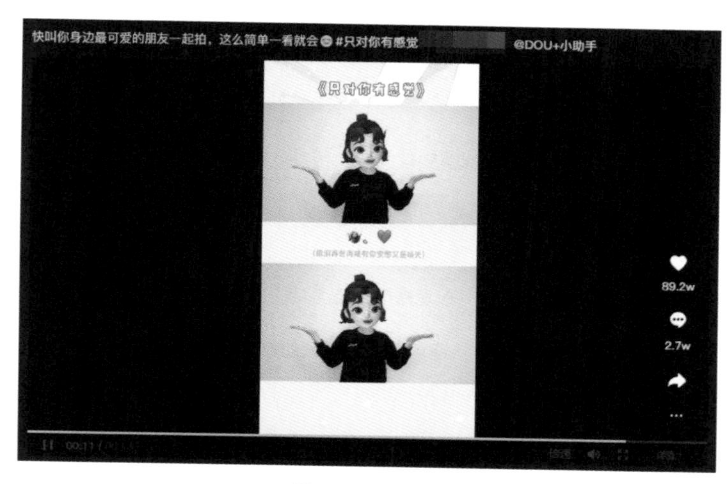

图 3-16　手势舞

③ 对口型表演类短视频

对口型表演类短视频更难把握，因为运营者既要考虑到情绪表达的准确性和口型的吻合度。所以，在拍摄短视频时，运营者可以开启快速度模式，使背景音乐变慢，让自己可以更准确地进行对口型的表演。同时，运营者要注意表情和歌词要配合好，每个时间点出现什么歌词，运营者就要做什么样的口型动作。

（4）情感类短视频

情感类短视频的制作相对来说比较简单，运营者只需将短视频素材剪辑好，再将情感类文字转录成语音配上去。另外，运营者也可以采用更专业的玩法——拍摄情感类剧情短视频，这样会更具有感染力。例如，“十点半浪漫商店”抖音号发布的第一条短视频，就通过邀请抖音红人“七舅脑爷”担任主角，拍摄了一对情侣彼此相爱的情感故事，新颖的剧情加上抖音达人的影响力，让这条短视频的点赞量达到了173.6万，评论数量也达到了2.9万。

对于这种剧情类情感短视频，以下两个条件必不可缺。

① 优质的场景布置。

② 专业的拍摄技能。

另外，情感类短视频的声音处理是极其重要的，运营者可以购买高级录音设备，聘请专业的配音演员，从而让观众深入到情境之中，产生极强的共鸣感。

（5）连续剧类短视频

连续剧类短视频有一个作用——吸引粉丝持续关注自己的作品。下面介绍一些连续剧短视频的拍摄技巧，如图3-17所示。

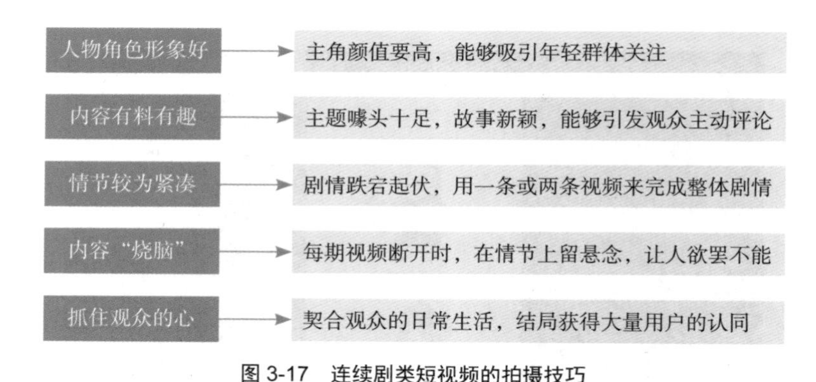

图 3-17　连续剧类短视频的拍摄技巧

这种连续剧类短视频比较常见的是影视解说类视频，通常运营者会分集介绍影片内容，并在短视频的结尾设置一点悬念，吸引观众继续观看，如图3-18所示。

另外，在连续剧短视频的结尾，可以加入一些剧情，来引导观众去评论区留言互动。笔者通过研究大量连续剧爆款短视频，发现它们有以下两个共同的规律。

图 3-18　连续剧类短视频示例

① 高颜值视觉体验，抓住观众眼球。在策划连续剧短视频时，运营者需要对剧中的角色形象进行包装设计，通过服装、化妆、道具和场景等元素，给观众带来视觉上的惊喜。

② 设计反转的剧情，吸引粉丝关注。在短视频中可以运用一些比较经典的台词，同时多插入一些悬疑、转折和冲突，在内容上做到精益求精。

（6）正能量类短视频

在网络上常常可以看到“正能量”这个词，它是指一种积极的、健康的、催人奋进的、感化人性的、给人力量的、充满希望的动力和情感，是社会生活中积极向上的一系列行为。

如今，短视频受到政府日益严格的监管，同时各大短视频平台也在积极引导运营者拍摄具有“正能量”的内容。只有那些主题更正能量、品质更高的短视频内容，才能真正为用户带来价值，如图3-19所示。

图 3-19　正能量类短视频示例

对平台来说，也会给予这种正能量的短视频更多的流量扶持。其中，抖音“传递正能量”话题的播放量就达到了惊人的4425.5亿次，

图 3-20　抖音“传递正能量”话题

如图3-20所示。如环卫工人、公交车司机、外卖骑手和快递员等，这些社会职业都属于正能量角色，如果能拍摄给他们送温暖的视频，也能获得很大的传播量，受到更多人欢迎。

另外，运营者也可以用短视频分享一些身边的正能量事件，如乐于助人、救死扶伤、颁奖典礼、英雄事迹、为国争光的体育健儿、城市改造、母爱亲情、爱护环境、教师风采及与文明礼让等有关的事迹，引导和带动粉丝弘扬传播正能量。

3.1.6　模仿爆款内容

如果运营者实在没有任何创作方向，也可以直接模仿爆款短视频的内容。爆款短视频通常都是大众关注的热点事件，这样等于让你的作品无形之中产生了流量。

例如，某个运营者模仿“涂口红的世界纪录保持者”的演说风格，在短视频中使用比较夸张的肢体语言和搞笑的台词，吸引大量的粉丝关注。短视频达人的作品都是经过大量用户检验过的，都是观众比较喜欢的，跟拍模仿能够快速获得这部分人群的关注。

运营者还可以在抖音或快手平台上多看一些同领域的爆款短视频，研究他们拍摄的内容，然后进行跟拍。例如，很多明星都是运营者比较喜欢模仿的对象，如“林二岁”和蒙俊源等，都是靠模仿明星在网络上走红的。

另外，运营者在模仿爆款短视频中的内容时，还可以加入自己的创意，对剧情、台词、场景和道具等进行创新，带来新的“槽点”，以至于模仿拍摄的短视频甚至比原视频更加火爆，这种情况屡见不鲜。

3.1.7　带货视频内容

短视频能够为产品带来大量的流量转化，让创作者获得盈利，很多短视频运营者最终都会走向带货卖货这条商业变现之路。下面将介绍用抖音或快手带货的相关技巧，包括短视频流量提升和转化的干货内容。

（1）带货视频

短视频带货的渠道较多，主要有商品橱窗、小店、商品外链等，如图 3-21 所示。

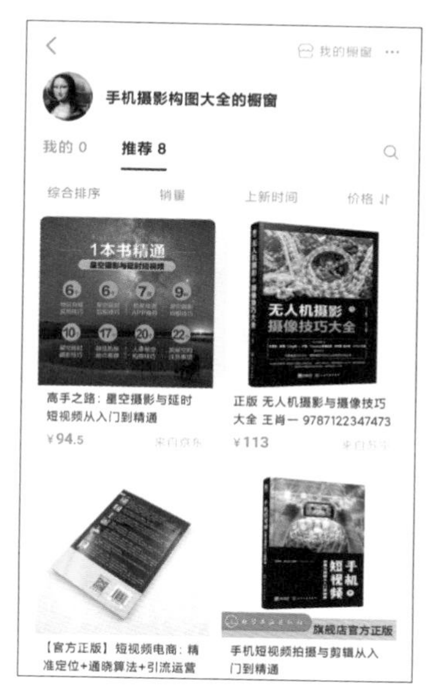

图 3-21　抖音商品橱窗

要开通抖音小店，首先需要开通商品橱窗功能。运营者可以在“商品橱窗”界面点击“开通小店”按钮，查看相关的入驻资料准备、资质要求和流程概要等内容，根据相关提示来入驻抖音小店，如图3-22所示。

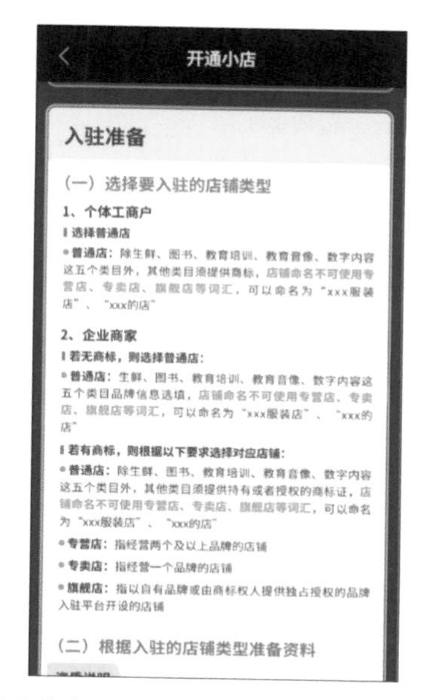

图 3-22　抖音小店的申请入口

（2）开箱测评

在抖音或快手等短视频平台上，很多人仅用一个“神秘”的包裹，就能轻松拍出一条爆款短视频，如图3-23所示。下面笔者总结了一些开箱测评短视频的拍摄技巧，如图3-24所示。

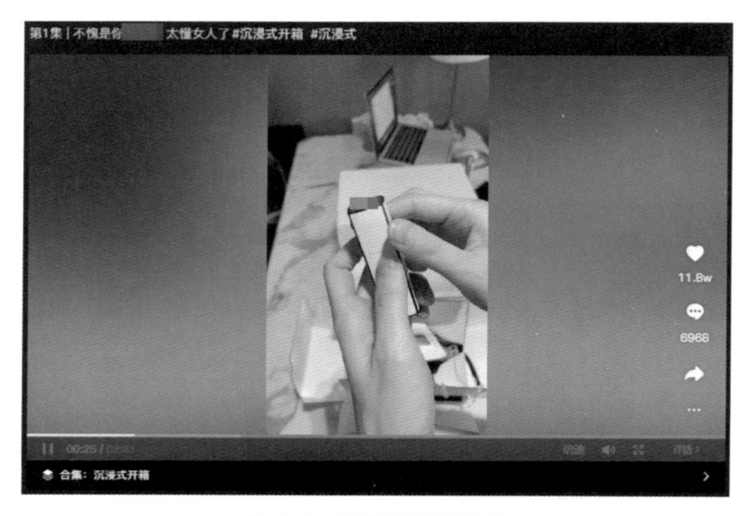

图 3-23　开箱测评类短视频

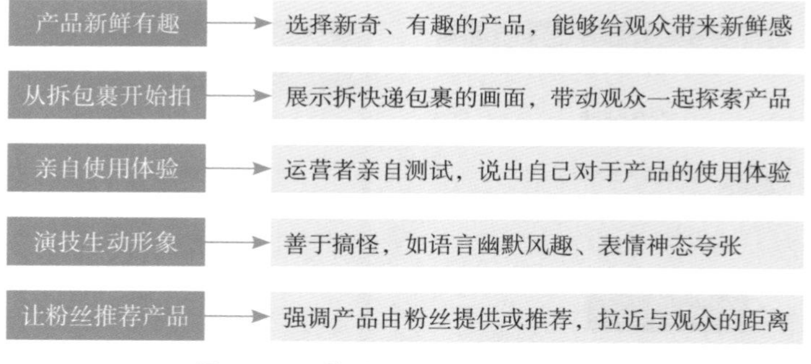

图 3-24　开箱测评类短视频的拍摄技巧

（3）让产品脱销

短视频平台无意中打造了很多爆款，这波黑洞般的带货能力连运营者自己都猝不及防，产品莫名其妙就卖到脱销了。运营者究竟做好哪几步才能让自己的产品与抖音同款一样，成为爆款，卖到脱销？笔者认为主要有如下3步。

① 打造专属场景

“打造专属场景”指的是在熟悉的场景，利用社交媒体进行互动。例如，在吃海底捞的时候，有网友自创网红吃法。

② 制造传播的社交货币

“制造传播的社交货币”是什么意思？很多产品爆火，并不是因为它的实用价值，而是因为它具备社交属性。例如，曾经在网上卖断货的小猪佩奇手表。它的爆火是因为这款手表比其他手表质量更好、更好用？不是。是因为“小猪佩奇身上纹，掌声送给社会人”这句话让用户觉得自己跟别人不一样，这款手表让他们有了身份认同感。

所以，运营者在传播自己的产品时，一定要有意识地打造属于产品的社交货币，让产品能够帮用户贴上更多无形的东西。

③ 你的产品性价比要高

相信这点大家比较好理解，产品除了质量过硬，价格还要亲民，几乎所有的抖音爆款产品，价格都不会太高。这主要是因为再好的东西，消费者也会货比三家。如果产品价格比较低，性价比高，消费者自然会选择该产品。

以上3步就是让运营者的产品卖到脱销的核心秘诀，如果运营者有自己的产品，不妨认真思考一下如何打造爆款产品；如果运营者没有产品，可以按照自己的账号定位逐一筛选产品。

3.2　创意玩法：精准把握热点

有了账号定位，有了拍摄对象，有了内容风格，我们还缺什么？此时，只要在短视频中加入一点点创意玩法，这个作品离火爆就不远了。本节笔者为大家总结了一些短视频常用的热点创意玩法，帮助大家快速打造爆款短视频。

3.2.1　热梗演绎

短视频的灵感来源，除了靠自身的创意想法，运营者也可以多收集一些热梗，这些热梗通常自带流量和话题属性，能够吸引大量观众点赞。

运营者可以将短视频的点赞量、评论量、转发量作为筛选依据，找到并收藏抖音、快手等短视频平台上的热门视频，然后进行模仿、跟拍和创新，打造出自己的优质短视频作品。

同时，运营者也可以在自己的日常生活中寻找这种创意搞笑短视频的热梗，然后采用夸大化的创新方式将这些日常细节演绎出来。另外，在策划热梗内容时，运营者还需要注意以下事项。

（1）短视频的拍摄门槛低，运营者发挥的空间大。

（2）剧情内容有创意，能够牢牢紧扣观众的生活。

（3）多看网络大事件，不错过任何网络热点。

3.2.2 影视混剪

在西瓜视频和抖音等视频平台上，常常可以看到各种影视混剪的短视频作品，这种内容创作形式相对简单，只要会剪辑软件的基本操作即可完成。影视混剪短视频的主要内容形式为剪辑电影、电视剧或综艺节目中的主要剧情桥段，同时加上语速轻快、幽默诙谐的配音解说。

这种内容形式的主要难点在于运营者需要在短时间内将相关影视内容完整地说出来，这就需要运营者具有极强的文案策划能力，能够让观众对各种影视情节有一个大致的了解。影视混剪类短视频的制作技巧如图3-25所示。

图 3-25 影视混剪类短视频的制作技巧

当然，做影视混剪类的短视频，运营者还需要注意两个问题。首先，要避免内容侵权，可以找一些不需要版权的素材，或者购买有版权的素材；其次，避免内容重复度过高，可以采用一些消重技巧来实现，如抽帧、转场和添加贴纸等。

3.2.3　游戏录屏

游戏类短视频是一种非常火爆的内容形式，在制作这种类型内容的短视频时，运营者必须掌握游戏录屏的操作方法。

大部分智能手机都自带录屏功能，快捷键通常为长按【电源键+音量键】开始，按【电源键】结束，大家可以尝试或者上网查询自己手机型号的录屏方法。打开游戏后，按下录屏快捷键即可开始录制画面。

对于没有录屏功能的手机，也可以去手机应用商店中搜索下载一些录屏软件。另外，利用剪映App的"画中画"功能，可以轻松合成游戏录屏界面和主播真人出镜的画面，制作出更加生动的游戏类短视频作品。

3.2.4　课程教学

在短视频时代，我们可以非常方便地将自己掌握的知识录制成课程教学短视频，然后通过短视频平台来传播并售卖给观众，从而帮助运营者获得不错的收益和知名度。

★ 专家提醒 ★

如果运营者要通过短视频开展在线教学服务，首先得在某一领域比较有实力和影响力，这样才能确保教给付费者的东西是有价值的。另外，对课程教学类短视频来说，操作部分相当重要，运营者可以根据点击量、阅读量和粉丝咨询量等数据，精心挑选一些热门、高频的实用案例。

下面笔者总结了一些创作知识技能类短视频的相关技巧，如图3-26所示。

图 3-26　创作知识技能类短视频的相关技巧

3.2.5 热门话题

在模仿跟拍爆款内容时，如果运营者一时找不到合适的爆款来模仿，此时添加热门话题就是一个不错的方法。在抖音的短视频信息流中可以看到，几乎所有的短视频中都添加了话题。

给视频添加话题，其实就等于给你的内容打上了标签，让平台快速了解这个内容属于哪个标签。不过，运营者在添加话题时，注意要添加同领域的话题，即可蹭到这个话题的流量。也就是说，话题可以帮助平台精准地定位运营者发布的短视频。通常情况下，一条短视频的话题包括3个，具体应用规则如图3-27所示。

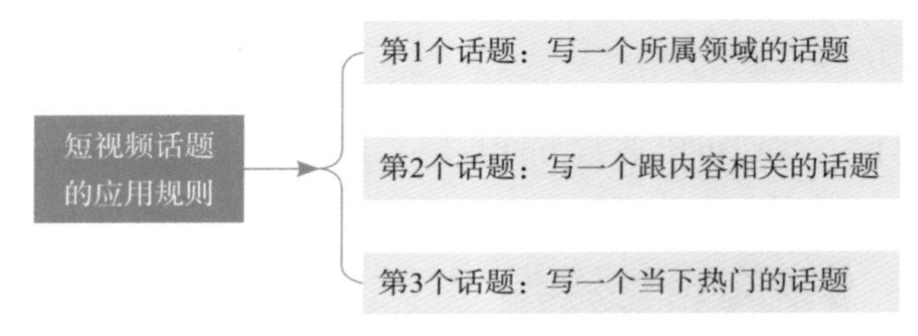

图 3-27 短视频话题的应用规则

3.2.6 节日热点

各种节日向来都是营销的旺季，运营者在制作短视频时，也可以借助节日热点来进行内容创新，提升作品的曝光量。

运营者可以从拍摄场景、服装、角色造型等方面入手，在短视频中打造节日氛围，引起观众共鸣，相关技巧如图3-28所示。

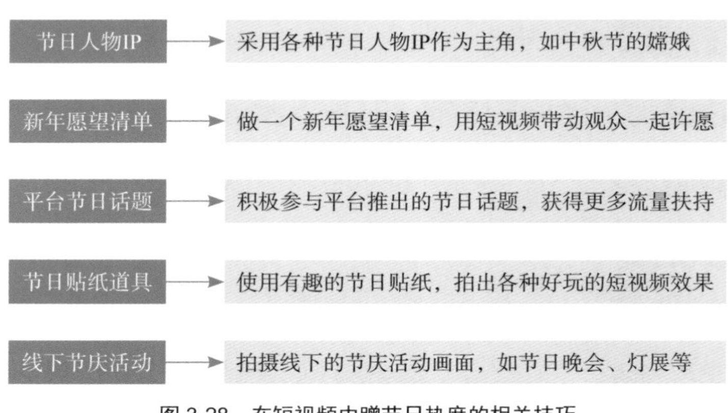

图 3-28 在短视频中蹭节日热度的相关技巧

例如，在抖音App中就有很多与节日相关的贴纸和道具，而且这些贴纸和道具是实时更新的，运营者在做短视频的时候不妨试一试，说不定能够为作品带来更多人气，如图3-29所示。

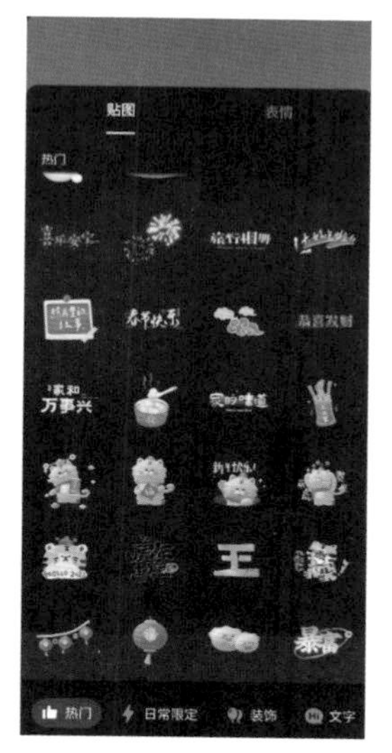

图 3-29　抖音中与节日相关的贴纸

脚本文案篇

第 4 章

镜头语言：用镜头传递视频内容

以人为例，我们在描述事物或事件时，通常会采取口头、文字等方式表达，而短视频则借助镜头语言，通过拍摄的画面、融入的声像资料及剪辑镜头来实现完整的表达。

4.1 镜头表达：短视频的艺术表现形式

短视频是一种视听艺术，能够给予用户视听享受主要得益于视频的画面和声音，即短视频的主要表现形式。本节主要介绍短视频表现形式的相关内容。

4.1.1 视频影像

视频影像即视频画面，包含画框与构图、景别与角度、焦距与景深、场面调度4个方面的内容。短视频创作者掌握这4个方面的内容可以呈现出别致的短视频效果。下面将对这些内容进行详细介绍。

（1）画框与构图

画框与构图是拍摄者使用拍摄设备进行取景的范围。画框指画面的大小，是视频影像构建的基础，其存在界定了创作者的绘图范围和观赏者的欣赏区域。画框具有以下几个作用，如图4-1所示。通常来说，视频拍摄的画框为16：9。

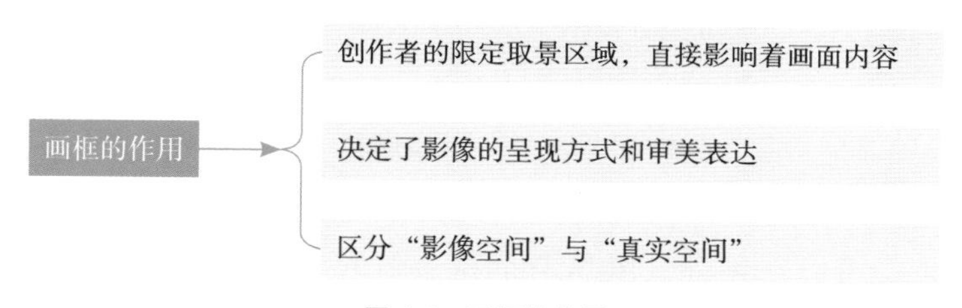

图 4-1　画框的作用

画框将空间分为“画内空间”和“画外空间”。“画内空间”即拍摄者所拍摄的影像世界。好的视频通常不仅呈现出“画内空间”，还可以通过叙事与表意使观众联想至“画外空间”，进而传达出更为高深的含义。因此，巧妙地构建“画外空间”也是短视频创作者所要掌握的，具体可以参考以下几种方式。

① 拍摄被摄对象“出画”的画面，可以构建“画外空间”，结合叙事情节，引发观众的想象。例如，影视剧中以男女主角举办完婚礼为剧终，观众在观看完之后会自然而然地联想男女主角婚后的甜蜜生活，而这些联想并未被画面呈现出来。

② 拍摄画面中的人物指向画外的视线或动作，可以引导观众联想“画外空间”。

③ 在拍摄时，画外的人或物的局部出现在画面中，如画外人物的影子被呈现在画内，可以唤起观众的生活经验，对其人物形象产生完整的联想。

④ 画外音。借助画面外的声音来传达某一事件或叙述某一个故事，可以打

破“画内空间”的封闭性，引发观众的联想。

通常情况下，画框取景范围影响着构图。构图是指在一定的范围内，被摄对象、光影、色彩、线条等元素有机地组合在一起，形成完整的、有美感的画面。

拍摄者进行视频构图可以遵循以下4个规律，如图4-2所示。

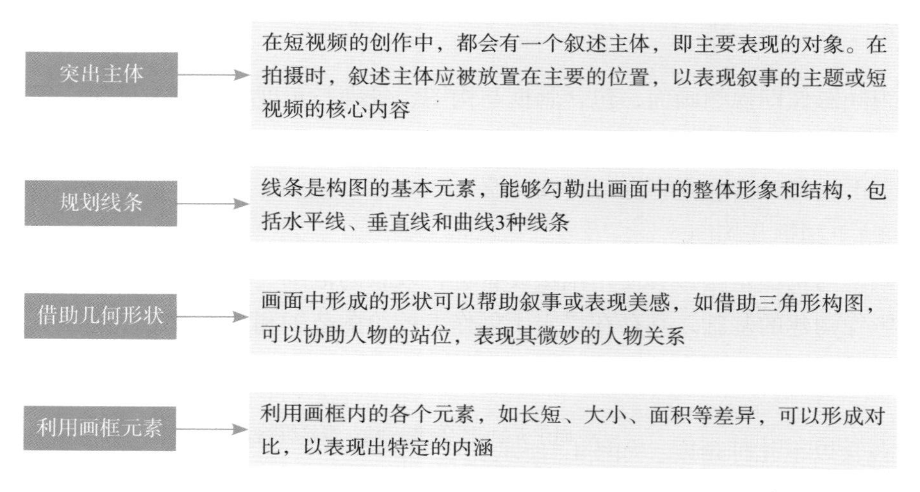

图 4-2　视频构图的规律

（2）景别与角度

景别是指被摄对象在画面中的大小和范围，通过变换景别可以调整构图。一般情况下，景别可以根据画框中所截取的人或物的大小划分为远景、全景、中景、近景和特写，不同的景别具有不同的特点，具体说明如下。

① 远景：呈现空间范围大、视觉广阔的画面，一般用作展现广阔的空间或壮丽的风光。

② 全景：通常用于呈现人或物的整体风貌。全景兼具叙事和描写的功能，可以进行场景的介绍。如在实际的拍摄中，会采用全景画面来介绍事件发生或人物所处的环境。全景画面具有以下几个优势，如图4-3所示。

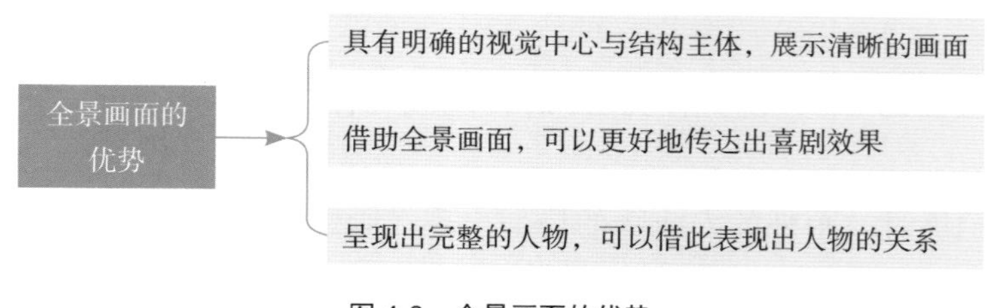

图 4-3　全景画面的优势

③ 中景：指拍摄出人或物的局部，具有中性、客观的特点，适合纪实类短视频的拍摄。

④ 近景：以人物为例，近景指拍摄出人物胸部以上部分的镜头。在近景拍摄中，人物会占据画幅面积的一半以上，适合刻画人物的内心活动。

⑤ 特写：指拍摄出人物肩部以上或放大被摄对象细节的镜头。特写是表现悲剧时常用的拍摄手法，具有几个作用，如图4-4所示。

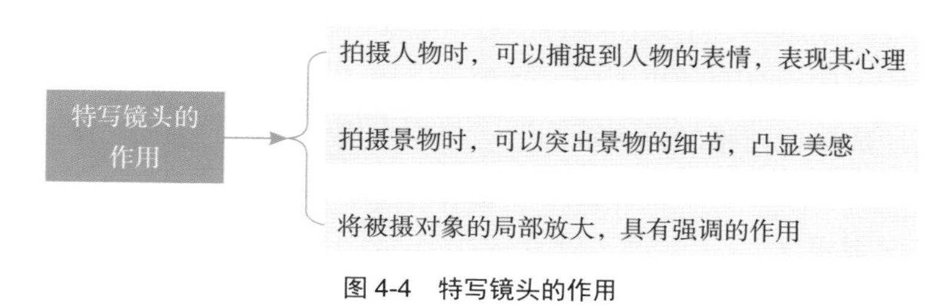

图 4-4　特写镜头的作用

拍摄设备与被拍摄对象之间的距离不同会产生不同的景别，高度与方向不同则会产生不同的角度。角度是指视频拍摄者呈现画面的不同立场或所处的不同方位，包含以下几种角度，如图4-5所示。

图 4-5　拍摄视频的不同角度

（3）焦距与景深

焦距是指拍摄设备镜头的光学透镜主点到焦点的距离，单位为毫米。焦距从不同的角度可以划分为不同的类型，具体说明如下。

① 根据光学镜头焦距的可调与不可调，可以划分为变焦镜头和定焦镜头。

② 根据镜头焦距长短的不同，可以划分为标准镜头、长焦镜头和短焦镜头，分别介绍如下。

• 标准镜头：指焦距在35～50毫米范围内的镜头，所拍画面符合人眼的观赏习惯，比较客观与自然。

• 长焦镜头：又称“望远镜头”，焦距通常大于50毫米，可以将远处的景物拉近进行拍摄，但会改变原本现实空间的视觉效果。比如，在使用长焦镜头拍摄纵深方向上移动的物体时，会呈现出“减速”的视觉效果。

• 短焦镜头：焦距短于标准镜头，所拍摄的画面范围较大，镜头越近，景物成像越大，反之则越小，呈现出一种“近大远小”的视觉效果。

焦距长短不同，景深效果不同。景深可以用于扩展画面空间深度，指“在光学镜头下，所成影像清晰的纵深范围”。根据景深范围内的画面清晰程度，可以划分为浅景深与深景深。其中，浅景深会有前景画面清晰，背景画面模糊的视觉美感，深景深则相反。

（4）场面调度

场面调度指拍摄者对人物和镜头的整体设计，包括人物调度、镜头调度和综合调度3种类型，详细介绍如图4-6所示。

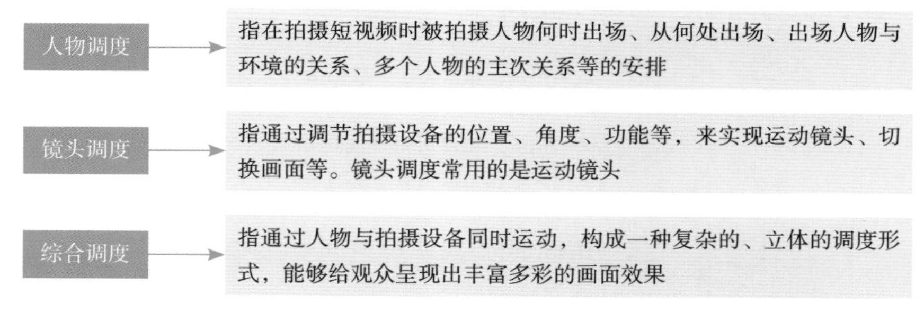

图 4-6　场面调度的类型

4.1.2　视频声音

视频声音是短视频重要的表现形式之一，与画面相搭配，使视频呈现出好的视听效果。视频声音包含人声、音乐和音响3个部分。在短视频的创作中，这3个部分各司其职，也相互联系，以听觉造型的方式成就好的美学形态。下面将对视频声音的这3个部分进行详细介绍。

（1）人声

人声指短视频中人物发出的声音，用于讲述故事、表现人物性格和传达情绪等。人声按照不同的表现方式可以分为对白、独白和旁白3种类型，具体内容如图4-7所示。

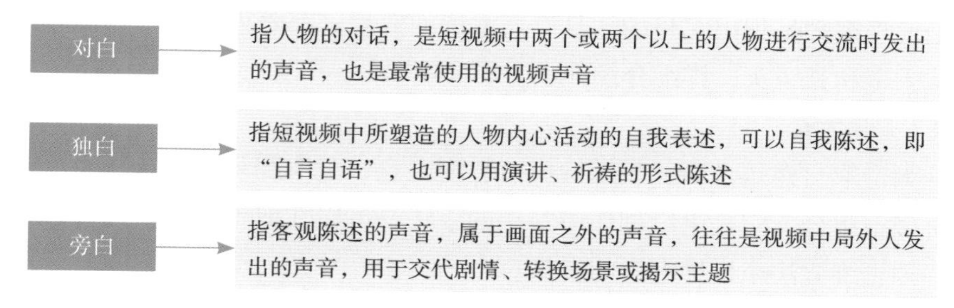

图 4-7　人声的不同类型

（2）音乐

音乐是一种源远流长的艺术形式，它被加工、处理后融入进视频中，可以帮助视频呈现出更好的视听效果。具体而言，音乐在短视频中可以发挥以下几个作用，如图4-8所示。

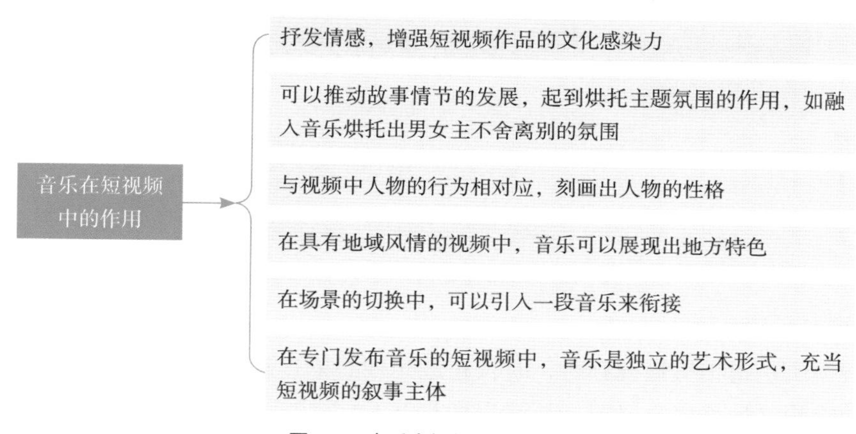

图 4-8　音乐在短视频中的作用

（3）音响

在短视频中，音响被称为音效或效果音，是除了对白和音乐之外所有声音的总称。大体上来说，音响分为以下两种类型。

① 自然音响：指自然界非人物的动作行为发出的声音，如鸟叫声、海浪声、下雨声等。

② 效果音响：指人为地模拟自然界或人物发出的声音，如使用道具模拟出来的电闪雷鸣声。

4.1.3　拍摄手法

这里的拍摄手法指一些非常规的拍摄技巧，主要服务于短视频的艺术构思，目的是使短视频呈现出完整的、具有艺术感的效果。在短视频中，主要的拍摄手法有蒙太奇和长镜头，详细介绍如下。

（1）蒙太奇

蒙太奇取自建筑术语，表示构成、装配之意，引申到艺术领域，表示镜头之间的拼接、组合。它是电影创作中常用的手法，可以在剪辑中拼接镜头，也可以作为一种思维方法来指导电影的叙事。

蒙太奇手法主要分为叙事蒙太奇和表现蒙太奇两种类型。其中，叙事蒙太奇是视频创作最常用的蒙太奇结构形式，可以推动故事情节的发展，助力凸显短视频叙事的主旨。叙事蒙太奇有以下几种常用的技巧，如图4-9所示。

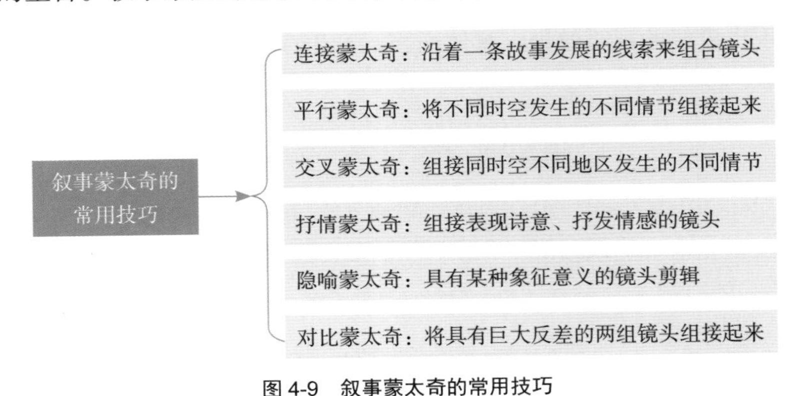

图 4-9　叙事蒙太奇的常用技巧

（2）长镜头

长镜头是指拍摄短视频时，时长超过30秒的单一镜头，用以传达创作者想让观众知晓的某种思想或意图。长镜头具有以下3个特征，如图4-10所示。

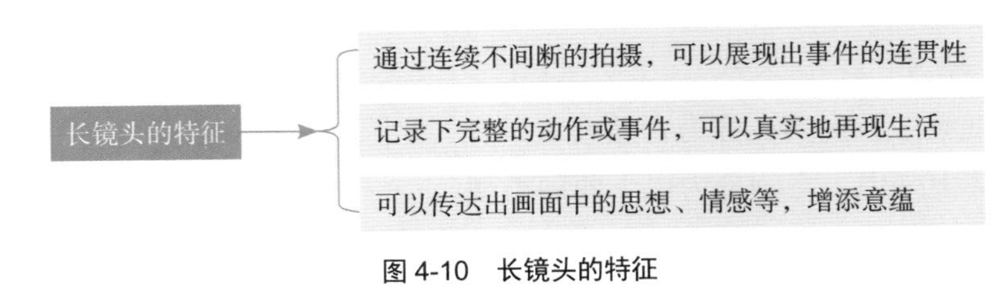

图 4-10　长镜头的特征

4.2　画面拼接：短视频的画面编辑技巧

拼接是指在短视频的后期剪辑中，将所拍摄的画面进行排列、组合形成完整的短视频作品的一系列工作。拼接包括镜头剪辑、添加字幕、配录音乐、制作特效等工作，视频的需求不同，进行的步骤也不同，但创作者在拼接时需要遵循的规则与节奏是一致的。本节将主要介绍创作者在拼接时应遵循哪些规则与节奏。

4.2.1　画面编辑的基本规则

画面编辑是短视频创作后期的重要工作。创作者在遵循一定规则的基础上进行这项工作，可以更加顺利地完成短视频的制作，并且可以增强短视频的观赏效果。下面介绍画面编辑的基本规则。

（1）分镜头叙事

分镜头叙事即组接镜头，具体指将一个场景或事件分为多个琐碎部分，再采取蒙太奇的手法将这些部分重新组接起来，或再现生活，或表现生活。

（2）满足观众的心理预期

在编辑画面时，创作者要考虑观众的心理感受，尽量满足观众的心理预期。为满足观众的预期，要求创作者在编辑画面时，首先应该了解观众的思维逻辑，如上一个镜头是运动员拉开弓箭，下一个镜头就应该是展示箭是否中靶；其次，画面编辑应符合观众的视觉逻辑，如上一个镜头的画面呈现的是平淡的湖水，下一个镜头的画面可以有所起伏，但不可一下子突兀地转换到五光十色的画面，容易引起观众的反感。

（3）轴线原则

轴线原则指为了保证视频画面的空间感和方向性的统一，在拍摄与剪辑中，镜头尽量保持在轴线的同一侧。所谓轴线，是被拍摄对象的运动方向或两个被拍摄对象之间的一条假想线。

（4）“动静结合”的规律

“动静结合”的规律是指在剪辑画面时，遵循拍摄镜头的运动性，将动态的镜头与动态的镜头组接在一起、静态的镜头与静态的镜头组接在一起，以及运动镜头与固定镜头组接在一起的原则。

（5）影调、色调的统一

在短视频中，影调和色调是表现视频风格和渲染气氛的重要手段。从视频的美感和观众的观赏角度出发，在剪辑画面时，创作者应尽量保持一条完整的视频影调、色调是统一的。比如一致采用暗调、黑灰色彩，给人一种庄重、深沉的感觉。

（6）画面时长的确定

画面时长影响着视频内容的表达，因此在编辑画面时，创作者应先确定好每一个画面的时长，并按照内容、情绪、节奏等进行组接，以准确地表达出视频的内容。一般来说，影响画面时长确定的因素有以下几个，如图4-11所示。

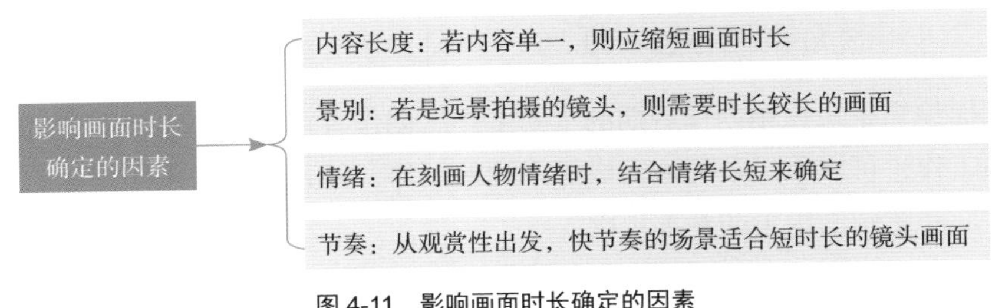

图 4-11 影响画面时长确定的因素

4.2.2 视频剪辑遵循的节奏

节奏是指一切合乎规律的运动状态，如高低、起伏、快慢、强弱等。万事万物都有它自己的节奏，短视频也不例外。在短视频中，借助镜头可以表现出不同的节奏，并给予观众平缓、紧张等不一样的心理感受。

短视频的节奏可以分为整体节奏、段落节奏、内部节奏、外部节奏、视觉节奏和听觉节奏，有些节奏是视频中客观存在的，而有些节奏可以通过后期剪辑创作出来。在剪辑时，主要分为内部节奏和外部节奏。其中，内部节奏是指视频内容情节传达出来的节奏，表现为一种内在的叙述观念，发挥奠定短视频整体基调的作用。而外部节奏是可以通过蒙太奇、造型设计等手法创作出来的，表现为一种外部的韵律，主要通过剪辑来实现。

在剪辑视频的过程中，短视频创作者可以按照以下几种方式来把握视频的节奏，如图4-12所示。

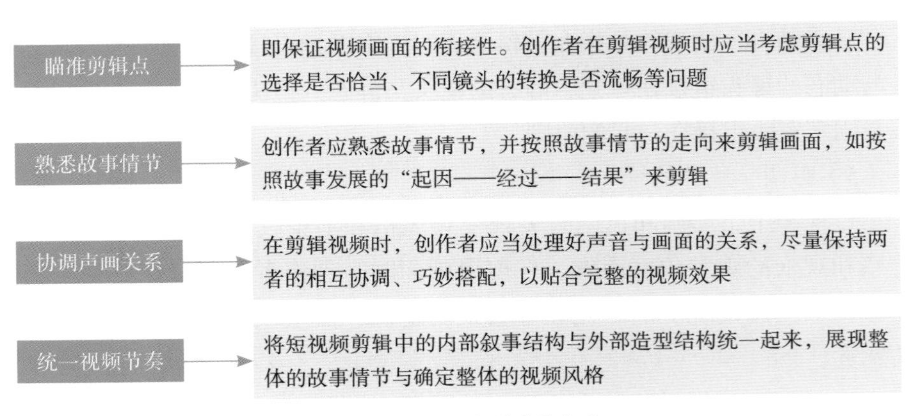

图 4-12 把握视频节奏的方式

4.3　拍摄镜头：短视频的画面表达

在掌握构图技巧的基础上，我们也要学会运用镜头。镜头语言是短视频内容表达最直接的方式。我们可以通过拍摄出来的画面变化，让用户感受创作者要表达的内容。那么，我们该如何运用镜头表达呢？本节将介绍3种镜头语言的表达，帮助创作者拍摄合理的短视频镜头。

4.3.1　运动镜头

运动镜头是指在拍摄短视频时要不断地调整镜头的位置和角度，也可以称为移动镜头。因此，在拍摄形式上，运动镜头要比固定镜头更加多样化。创作者在拍摄短视频时可以熟练地使用这些运镜方式，更好地突出画面细节和要表达的主体内容，从而吸引更多用户关注你的作品。下面我们来看下运动镜头的具体情况。

（1）跟随镜头

跟随镜头即镜头一直跟随被拍摄对象的运动而运动，拍摄期间镜头始终与被拍摄对象的运动保持一致。

运镜方式是指镜头的运动方式。使用不同的运镜方式拍摄出来的同一对象，效果可能也会呈现出较大的差异。因此，在策划脚本时，短视频运营者需要了解常用的运镜技巧，并为短视频选择合适的运镜方式。

（2）推拉运镜

推拉运镜是指将手机固定在滑轨和稳定器上，并通过推进或拉远镜头来调整镜头与被拍摄物体之间的距离。比如，一条短视频，拍摄者先拍摄了一个近景，接下来推进镜头，让景别变成了特写。在此过程中，使用的就是推镜头。

（3）摇镜头

摇镜头是指从左向右摇动拍摄设备来进行拍摄的方法。这种运镜方式常用于拍摄主体范围比较大需要逐步对拍摄主体进行呈现时，或者当被拍摄的主体移动时，跟踪拍摄主体，让拍摄主体出现在镜头的画面中。

（4）升降运镜

升降运镜是指将手机固定在摇臂上，让手机镜头在竖直方向上运动。比如，拍摄一条关于瀑布的短视频，可以先拍摄看瀑布的人和瀑布落下处的水潭，接着画面缓缓向上拍摄瀑布，这一过程使用的就是升镜头。

4.3.2 固定镜头

拍摄短视频的镜头包括两种常用类型，分别为固定镜头和运动镜头。固定镜头就是指在拍摄短视频时，镜头的机位、光轴和焦距等都保持固定不变，适合拍摄画面中有运动变化的对象，例如车水马龙和日出日落等画面。需要注意的是，如果不借助任何工具，直接手持以固定镜头拍摄，画面很容易模糊或者抖动，因此创作者可以借助一些拍摄工具固定拍摄设备，来保持视频画面的稳定。

4.3.3 镜头角度

在使用运镜手法拍摄短视频前，创作者首先要掌握各种镜头角度，例如平角、斜角、仰角和俯角等，熟悉角度后能够让你在运镜时更加得心应手。

（1）平角：即镜头与拍摄主体保持水平方向的一致，镜头光轴与对象（中心点）齐高，能够更客观地展现被拍摄对象的原貌。

（2）斜角：即在拍摄时将镜头倾斜一定的角度，从而使画面产生一定的透视变形，能够让视频画面显得更加立体。

（3）仰角：即采用低机位仰视的拍摄角度，能够让被拍摄对象显得更加高大，同时可以让视频画面更有代入感。

（4）俯角：即采用高机位俯视的拍摄角度，可以让被拍摄对象看上去更加弱小，适合拍摄建筑、街景、人物、风光、美食或花卉等短视频题材，能够充分展示主体的全貌。

4.4 专业手法：短视频的镜头语言

如今，短视频已经形成了一条完整的商业产业链，越来越多的企业、机构开始用短视频来进行宣传推广，因此短视频脚本的创作也越来越重要。而要写出优质的短视频脚本，创作者还需要掌握短视频的镜头语言，使视频制作更具专业性与高级感，这些也是短视频行业中的高级玩家和专业玩家必须掌握的常识。

4.4.1 专业的短视频镜头术语

对普通的短视频玩家来说，通常都是凭感觉拍摄和制作短视频作品的，这样显然是事倍功半的。要知道，很多专业的短视频机构制作一条短视频通常只需很少的时间，就是通过镜头语言来提升效率的。

镜头语言也称镜头术语，常用的短视频镜头术语除了画框、构图、景别等，还有运镜、用光、转场、时长、关键帧、定格、闪回等，这些也是短视频脚本创作的重点元素，具体介绍如图4-13所示。

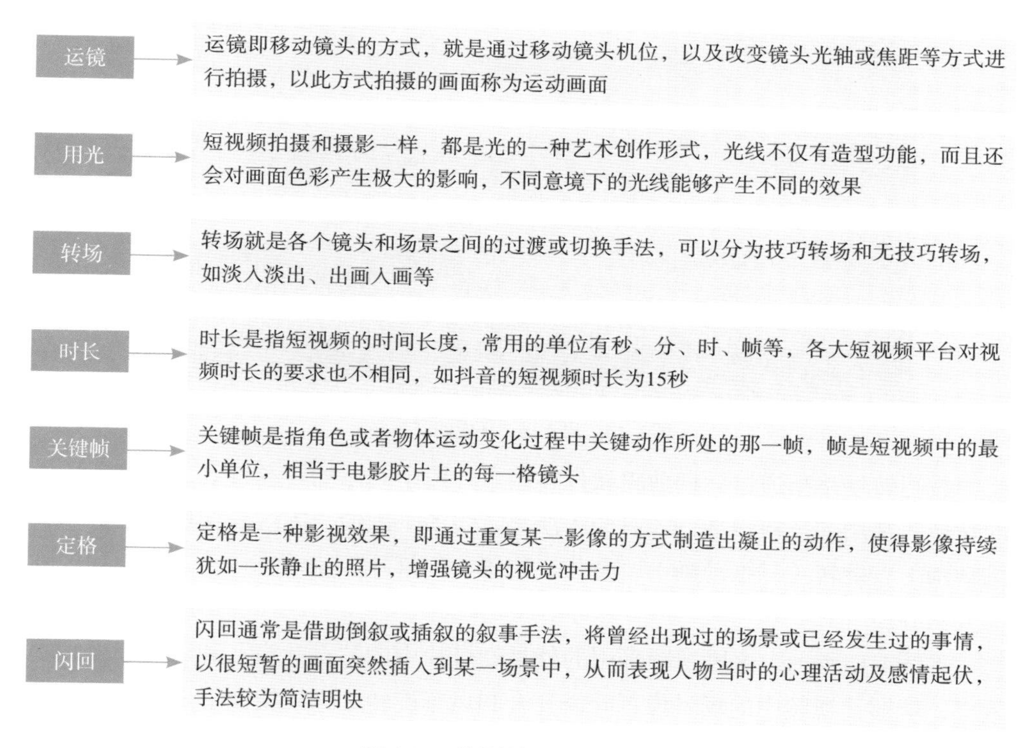

图 4-13　常用的短视频镜头术语

4.4.2　镜头语言之转场

无技巧转场是通过一种十分自然的镜头过渡方式来连接两个场景的，整个过渡过程看上去非常合乎情理，能够达到承上启下的作用。当然，无技巧转场并非完全没有技巧，它是利用人的视觉转换来安排镜头切换的，因此需要找到合理的转换因素和适当的造型因素。

常用的无技巧转场方式有两极镜头转场、同景别转场、特写转场、声音转场、空镜头转场、封挡镜头转场、相似体转场、地点转场、运动镜头转场、同一主体转场、主观镜头转场和逻辑因素转场等。

例如，空镜头（又称“景物镜头”）转场是指画面中只有景物、没有人物的镜头，具有非常明显的间隔效果，不仅可以渲染气氛、抒发感情、推进故事情节的发展和刻画人物的心理状态，而且还能够交代时间、地点和季节的变化等。如图4-14所示为一段用于描述环境的空镜头。

图 4-14 用于描述环境的空镜头

技巧转场是指通过后期剪辑软件在两个片段中间添加转场特效，来实现场景的转换。常用的技巧转场方式有淡入淡出、缓淡—减慢、闪白—加快、划像（二维动画）、翻转（三维动画）、叠化、遮罩、幻灯片、特效、运镜、模糊和多画屏分割等。

如图4-15所示，这段视频采用的就是幻灯片中的“百叶窗”和“风车”转场效果，能够让视频中的场景像百叶窗开合和风车旋转一样切换到下一场景。

图 4-15　幻灯片中的“百叶窗”和“风车”转场效果

4.4.3　镜头语言之多机位拍摄

多机位拍摄是指使用多个拍摄设备，从不同的角度和方位拍摄同一场景，适合规模宏大或角色较多的拍摄场景，如访谈类、杂志类、演示类、谈话类及综艺类等短视频类型。如图4-16所示为一种谈话类视频的多机位设置图。

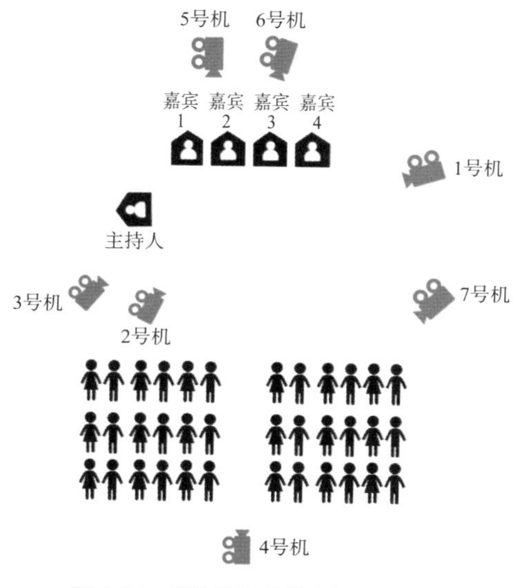

图 4-16　谈话类视频的多机位设置图

从图中可以看出，该谈话类视频共安排了7台拍摄设备：1、2、3号机用于拍摄主体人物，其中1号机（带有提词器设备）重点用于拍摄主持人；4号机在后排观众的背面，用于拍全景、中景或中近景；5号机和6号机在嘉宾的背面，需要用摇臂将其架高一些，用于拍摄观众反应的镜头；7号机则专门用于拍观众。

多机位拍摄可以通过各种景别镜头的切换，让视频画面更加生动、更有看点。另外，如果某个机位的画面有失误或瑕疵，也可以用其他机位来弥补。通过不同的机位来回切换镜头，观众不容易产生视觉疲劳，并保持更久的关注度。

4.4.4 镜头语言之“起幅”与“落幅”

“起幅”与“落幅”是拍摄运动镜头时非常重要的两个术语，在后期制作中可以发挥很大的作用，相关介绍如图4-17所示。

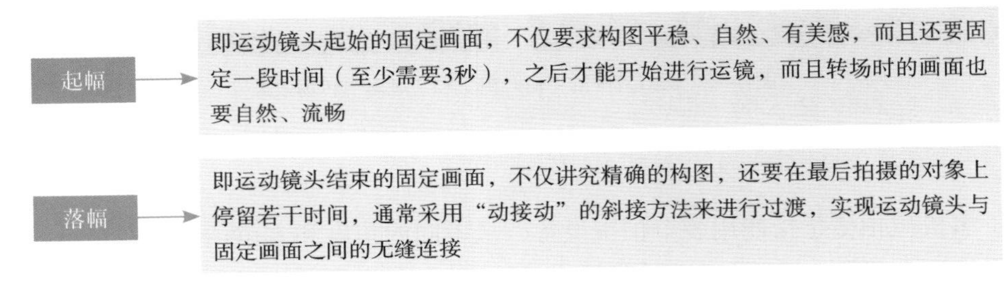

图 4-17 “起幅”与“落幅”的相关介绍

“起幅”与“落幅”的固定画面可以用来强调短视频中要重点表达的对象或主题，而且还可以单独作为固定镜头使用。

4.4.5 镜头语言之镜头节奏

节奏会受到镜头的长度、场景的变换和镜头中的影像活动等因素的影响。通常情况下，镜头节奏越快，则视频的剪辑率越高、镜头越短。剪辑率是指单位时间内镜头个数的多少，由镜头的时长来决定。

例如，长镜头就是一种典型的慢节奏镜头形式，而延时摄影则是一种典型的快节奏镜头形式。长镜头（Long Take）也称一镜到底、不中断镜头或长时间镜头，是一种与蒙太奇相对应的拍摄手法，是指拍摄的开机点与关机点的时间距离较长。

延时摄影（Time-Lapse Photography）也称延时技术、缩时摄影或缩时录影，是一种压缩时间的拍摄手法，它能够将大量的时间进行压缩，将几个小时、几天，甚至几个月的变化过程，通过极短的时间展现出来，如几秒或几分钟，因此镜头节奏非常快，能够给观众呈现一种强烈与震撼的视频效果，如图4-18所示。

图 4-18　采用延时技术拍摄的短视频

第 5 章

脚本策划：爆款短视频背后的秘诀

对短视频来说，脚本的作用与电影中的剧本类似，不仅可以用来确定故事的发展方向，而且还可以提高短视频拍摄的效率和质量，同时还可以指导短视频的后期剪辑。本章主要为大家介绍短视频脚本的创作方法和思路。

5.1　策划方法：创作短视频脚本

在很多人眼中，短视频似乎比电影还好看，很多短视频不仅画面和背景音乐（Background Music，BGM）劲爆、转折巧妙，而且剧情不拖泥带水，能够让人“流连忘返”。

而这些精彩的短视频背后，都是靠短视频脚本来承载的。脚本是整个短视频内容的大纲，对于剧情的发展与走向有决定性的作用。因此，运营者需要写好短视频的脚本，让短视频的内容更加优质，这样才有更多机会上热门。

5.1.1　什么是短视频脚本

脚本是运营者拍摄短视频的主要依据，能够提前统筹安排好短视频拍摄过程中的所有事项，如什么时候拍、用什么设备拍、拍什么背景、拍谁及怎么拍等。如表5-1所示为一个简单的短视频脚本模板。

表 5-1　一个简单的短视频脚本模板

镜号	景别	运镜	画面	设备	备注
1	远景	固定镜头	在天桥上俯拍城市中的车流	手机广角镜头	延时摄影
2	全景	跟随运镜	拍摄主角从天桥上走过的画面	手持稳定器	慢镜头
3	近景	上升运镜	从人物手部拍到头部	手持拍摄	
4	特写	固定镜头	人物脸上露出开心的表情	三脚架	
5	中景	跟随运镜	拍摄人物走下天桥楼梯的画面	手持稳定器	
6	全景	固定镜头	拍摄人物与朋友见面问候的场景	三脚架	
7	近景	固定镜头	拍摄两人手牵手的温馨画面	三脚架	后期背景虚化
8	远景	固定镜头	拍摄两人走向街道远处的画面	三脚架	欢快的背景音乐

在创作短视频的过程中，所有参与前期拍摄和后期剪辑的人员都需要遵从脚本的安排，包括摄影师、演员、道具师、化妆师、剪辑师等。如果拍摄短视频没有脚本，很容易出现各种问题。比如，拍到一半发现场景不合适，或者道具没准备好，或者演员少了，又需要花费大量时间和资金去重新安排和做准备。这样，不仅会浪费时间和金钱，而且也很难做出想要的短视频效果。

5.1.2　短视频脚本的作用

短视频脚本主要用于指导所有参与短视频创作的工作人员的行为和动作，从而提高工作效率，并保证短视频的质量。如图5-1所示为短视频脚本的作用。

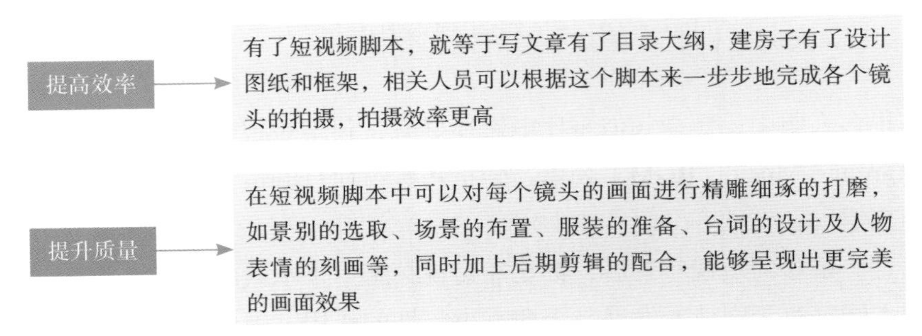

图 5-1　短视频脚本的作用

5.1.3　短视频脚本的类型

短视频的时长虽然很短，但只要运营者足够用心，精心设计短视频的脚本和每一个镜头的画面，让短视频的内容更加优质，从而获得更多上热门的机会。短视频脚本一般分为分镜头脚本、拍摄提纲和文学脚本3种，如图5-2所示。

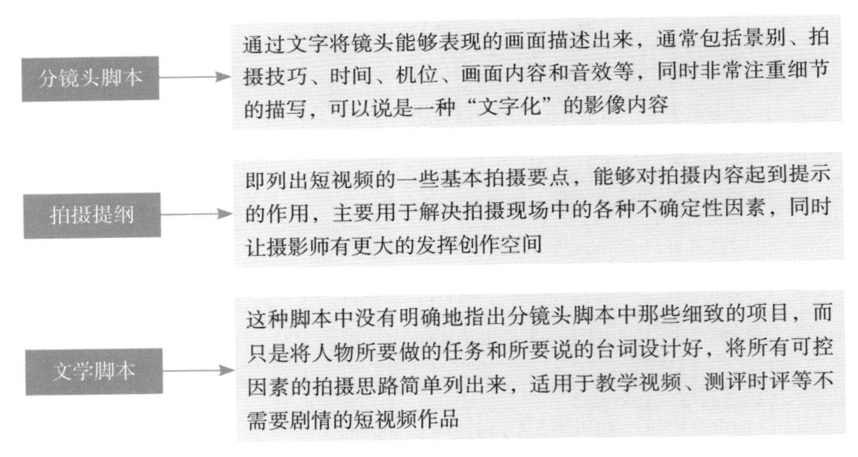

图 5-2　短视频脚本的类型

总结一下，分镜头脚本适用于剧情类的短视频，拍摄提纲适用于访谈类或资讯类的短视频，文学脚本则适用于没有剧情的短视频。

5.1.4　编写脚本的前期准备工作

当运营者正式开始创作短视频前，需要做好准备工作，即将短视频的整体拍摄思路确定好，同时制定一个基本的创作流程。如图5-3所示为编写短视频脚本的前期准备工作。

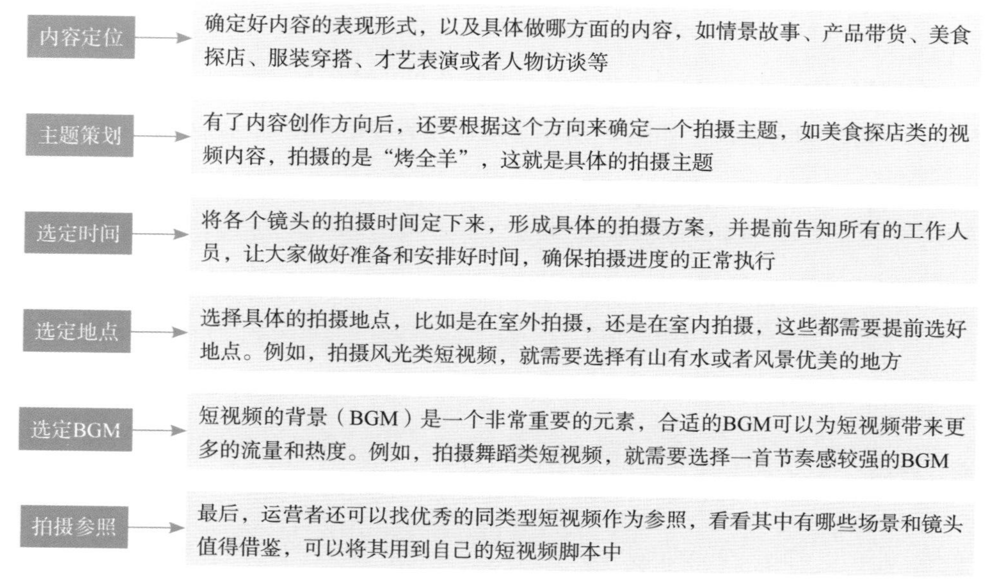

图 5-3　编写短视频脚本的前期准备工作

5.1.5　短视频脚本的基本要素

在短视频脚本中，运营者需要认真设计每一个镜头。下面主要通过6个基本要素来介绍短视频脚本的策划，如图5-4所示。

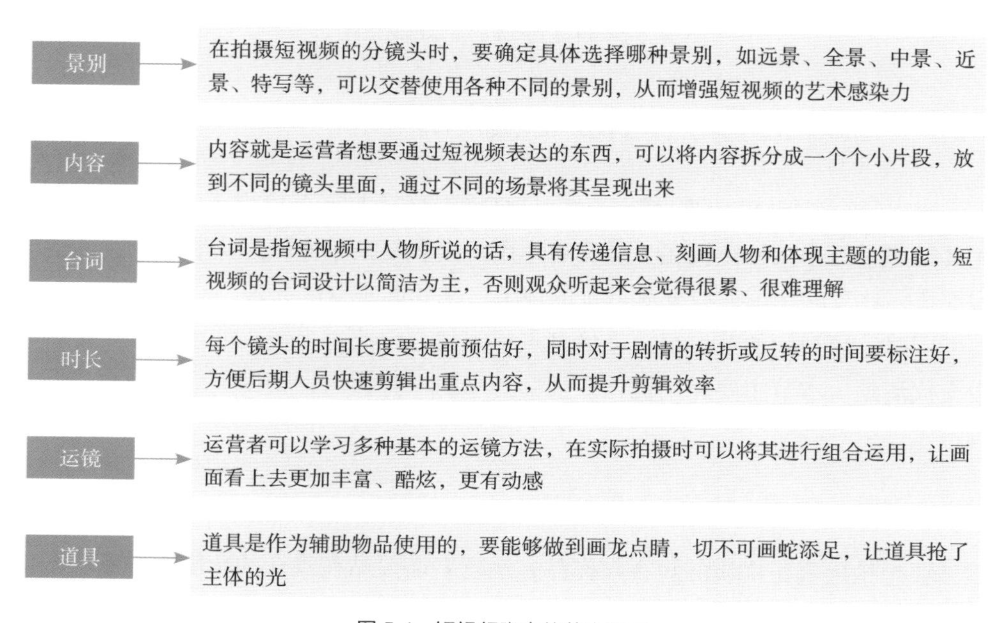

图 5-4　短视频脚本的基本要素

5.1.6 短视频脚本的写作技巧

在编写短视频脚本时，运营者需要遵循化繁为简的形式规则，同时需要确保内容的丰富性和完整性。如图5-5所示为短视频脚本的基本编写流程。

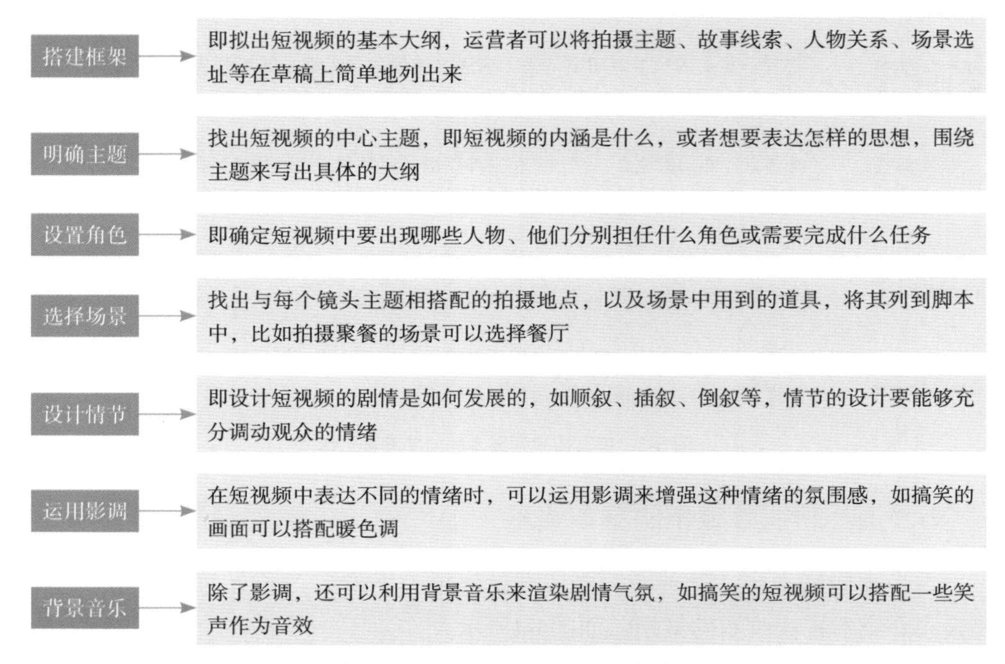

图 5-5 短视频脚本的基本编写流程

5.2 创作思路：优化短视频脚本

脚本是短视频立足的根基。当然，短视频脚本不同于微电影或电视剧的剧本，尤其是用手机拍摄的短视频，运营者不用写太多复杂多变的镜头和景别，而应该多安排一些反转、反差或充满悬疑的情节，来勾起观众的兴趣。

同时，短视频的节奏很快，信息点很密集，因此每个镜头的内容都要在脚本中交代清楚。本节主要介绍优化短视频脚本的一些技巧，帮助大家写出更优质的脚本。

5.2.1 站在观众的角度思考

要想拍出真正优质的短视频作品，运营者需要站在观众的角度去思考脚本内容的策划。比如，观众喜欢看什么东西、当前哪些内容比较受观众的欢迎、如何拍摄才能让观众看着更有感觉等。

显而易见，在短视频领域，内容比技术更加重要，即便使的是简陋的拍摄场景和服装道具，只要你的内容足够吸引观众，那么你的短视频就能火。

技术是可以慢慢练习的，但内容却需要用户有一定的创作灵感，就像是音乐创作，好的歌手不一定是好的音乐人，但是好的作品会经久流传。例如，抖音上充斥着各种“五毛特效”，但他们精心设计的内容，仍然获得了观众的喜爱，至少可以认为他们比较懂观众的“心”。

例如，下面这条短视频中的人物主要以模仿各类影视剧角色或明星的妆容为主，每个仿妆视频都恰到好处地体现了他们所模仿人物的特点，而且特效也用得恰到好处，获得了大量粉丝的关注和点赞，如图5-6所示。

图 5-6　仿妆类短视频案例

5.2.2　注重审美和画面感

短视频的拍摄和摄影类似，都非常注重审美，审美决定了短视频作品的高度。如今，随着各种智能手机的摄影功能越来越强大，进一步降低了短视频的拍摄门槛，不管是谁，只要拿起手机就能拍摄短视频。

另外，各种剪辑软件也越来越智能化，不管拍摄的画面有多粗制滥造，经过后期剪辑处理，都能变得很好看，就像抖音上神奇的“化妆术”一样。例如，剪映App中的“一键成片”功能，就内置了很多模板和效果，运营者只需调入拍好的视频或照片素材，即可轻松做出同款短视频效果，如图5-7所示。

图 5-7　剪映 App 的“一键成片”功能

也就是说，短视频的技术门槛已经越来越低了，普通人也可以轻松创作和发布短视频作品。但是，每个人的审美观是不一样的，短视频的艺术审美和强烈的画面感都是加分项，能够增强用户的竞争力。

运营者不仅需要保证视频画面的稳定和清晰度，而且还需要突出主体，可以多组合各种景别、构图、运镜方式，并且结合快镜头和慢镜头，增强视频画面的运动感、层次感和表现力。总之，要养成好的审美观，运营者需要多思考、多模仿、多学习、多总结、多实践。

5.2.3　设置冲突和转折

在策划短视频的脚本时，运营者可以设计一些反差感强烈的转折场景，通过这种高低落差的安排，能够形成十分明显的对比效果，为短视频带来新意，同时也为观众带来更多笑点。

短视频中的冲突和转折能够让观众产生惊喜感，同时对剧情的印象更加深刻，刺激他们去点赞和转发。下面笔者总结了一些在短视频中设置冲突和转折的相关技巧，如图5-8所示。

短视频的灵感来源，除了靠自身的创意想法，运营者也可以多收集一些热梗，这些热梗通常自带流量和话题属性，能够吸引大量观众的点赞。用户可以将短视频的点赞量、评论量、转发量作为筛选依据，找到并收藏抖音、快手等短视频平台上的热门视频，然后进行模仿、跟拍和创新，打造属于自己的优质短视频作品。

图 5-8　在短视频中设置冲突和转折的相关技巧

5.2.4　模仿精彩的脚本

如果运营者在策划短视频的脚本内容时，很难找到创意，也可以去翻拍和改编一些经典的影视作品。运营者在寻找翻拍素材时，可以去豆瓣电影平台上找到各类影片排行榜。如图5-9所示为2021年豆瓣年度热门搜索影视。运营者可以将排名靠前的影片都列出来，然后去其中搜寻经典的片段，包括某个画面、道具、台词、人物造型等内容，都可以将其用到自己的短视频中。

图 5-9　2021 年豆瓣年度热门搜索影视

如图5-10所示为翻拍影视作品的短视频，两条短视频都翻拍了比较热门的经典影视作品，前一条短视频翻拍的是《小时代》的精彩片段，而后一条短视频翻拍的则是《无间道》里面的经典片段。

图 5-10　翻拍影视作品的短视频

5.2.5　什么样的脚本有更多人点赞

对短视频新手来说，账号定位和后期剪辑都不是难点，往往最让他们头疼的是脚本策划。有时候，优质的脚本可快速将短视频推上热门。那么，什么样的脚本才能让短视频上热门，并获得更多人的点赞呢？如图5-11所示，笔者为大家总结了一些优质短视频脚本的常用内容形式。

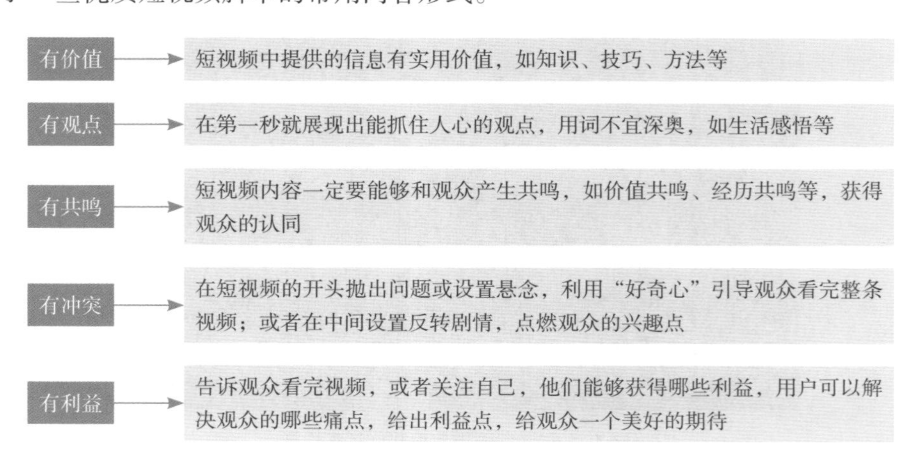

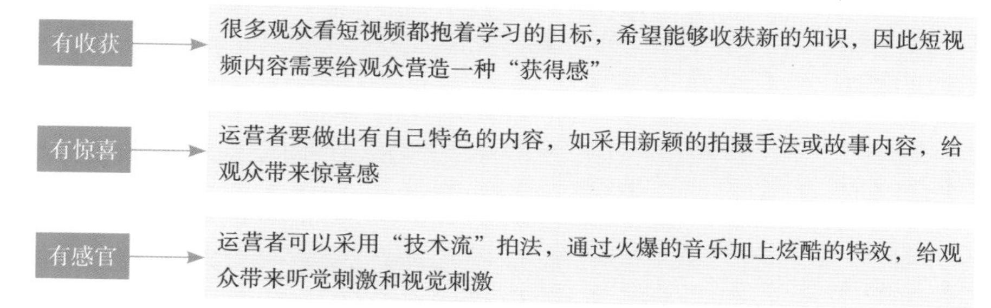

图 5-11　优质短视频脚本的常用内容形式

如图5-12所示便是属于有价值的短视频。运营者以编发教程作为视频内容，吸引了很多想要学习编发的用户。

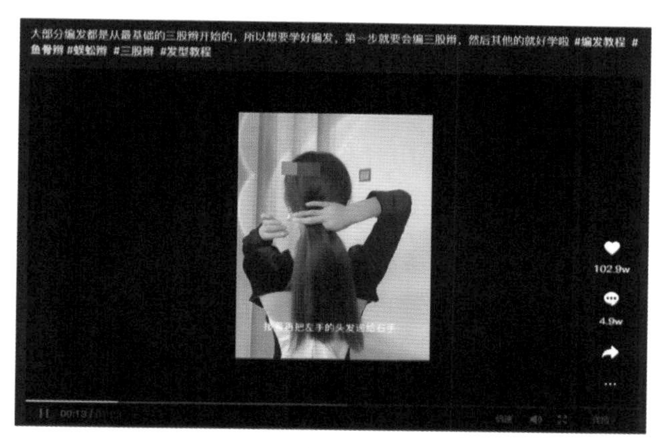

图 5-12　有价值的短视频

第 6 章

文案策划：直击痛点赢得用户信任

优质的文案能够快速吸引用户的注意力，让发布它的短视频账号快速增加大量粉丝。那么，如何才能写好文案，打造用户感兴趣的内容，做到吸睛、增粉两不误呢？这一章笔者就来给大家支一些招。

6.1　标题撰写：文案策划的第一要素

标题是短视频文案策划的第一要素，要写好短视频文案，就要重点关注短视频标题的创作。创作短视频标题必须掌握一定的技巧和写作标准，只有对标题撰写的必备要素进行熟练掌握，才能更好、更快地实现标题撰写，达到引人注目的效果。本节主要介绍短视频文案标题的相关内容。

6.1.1　制作要点

在撰写短视频文案的标题时，需要了解一定的制作要点，如“不虚张声势”“不冗长繁重”、善用吸睛词汇等，详细介绍如下。

（1）不虚张声势

短视频标题是短视频的“窗户”，短视频用户如果能从这扇“窗户”中看到短视频的大致内容，就说明这一短视频标题是合格的。换句话说，就是标题要体现出短视频内容的主题。

虽然标题就是要起到吸引短视频用户的作用，但是如果用户被某一标题吸引，点击查看内容时却发现标题和内容主题联系得不紧密，或者完全没有联系，就会降低短视频用户的信任度，而短视频的点赞量和转发量也将被拉低。

因此，要求短视频创作者在撰写短视频标题的时候，务必注意所写的标题与内容主题的联系紧密，切勿“挂羊头卖狗肉”或“虚张声势”，而应该尽可能地让标题与内容紧密关联，如图6-1所示。

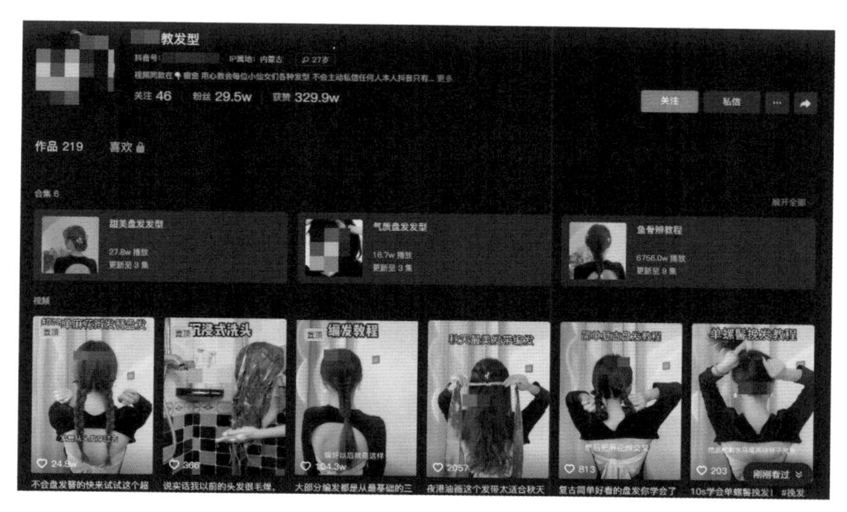

图 6-1　与主题联系紧密的短视频标题示例

（2）不冗长繁重

一个标题的好坏直接决定了短视频点击量、完播率的高低，因此短视频创作者在撰写标题时，一定要重点突出，简洁明了，字数不宜过多，最好能够朗朗上口，这样才能让受众在短时间内就能清楚地知道你想要表达的是什么，从而达到短视频内容被完整地观看完的效果。

在撰写标题的时候，要注意标题用语的简短，突出重点，切忌标题成分过于复杂。短视频用户在看到简短的标题的时候，会有比较舒适的视觉感受，阅读起来也更为方便。

如图6-2所示的抖音短视频标题虽然只有短短几个字，但抖音用户却能从中看出短视频的主要内容，这样的标题重点突出，更有看点。

图 6-2 简短的短视频标题示例

（3）善用吸睛词汇

短视频的标题如同短视频的“眼睛”，在短视频中起着十分巨大的作用。标题展示着一条短视频的大意、主旨，甚至对故事背景的诠释，标题的好坏影响着短视频数据的高低。

若短视频创作者想要借助短视频标题吸引受众，就必须使标题有精彩之处，而给短视频标题“点睛”是有技巧的。在撰写标题的时候，短视频创作者可以加入一些能够吸引受众眼球的词汇，比如“惊现”“福利”“秘诀”“震惊”等，这些“点睛”词汇，能够让短视频用户产生好奇心，如图6-3所示。

在使用吸睛词汇时，切忌“题不对文”，即短视频的标题与内容无相关或相关性不大，否则容易使短视频丧失用户的信任，从而影响短视频的效果。

图 6-3　使用吸睛词汇的短视频标题示例

6.1.2　拟写技巧

对于短视频文案，首先映入人眼帘的便是标题，好的标题能够使用户停留下来完整地观看短视频的内容，为短视频带来流量。因此，短视频文案的标题十分重要，而遵循一定的原则和掌握一定的技巧能够使短视频创作者更好地创作出优质的文案标题。下面我们便来看一下标题拟写的相关技巧。

（1）拟写的3个原则

评判一个文案标题的好坏，不仅要看它是否有吸引力，还需要参照其他的一些原则。在遵循这些原则的基础上撰写的标题，能够为短视频带来更多的流量。这些原则具体如下。

① 换位原则

短视频创作者在拟订文案标题时，不能只站在自己的角度去想要推出什么，更要站在受众的角度去思考。

也就是说，应该将自己当成受众。假设你是用户，如果你想知道某个问题的答案，你会用什么样的搜索词进行搜索，以类似这样的思路去拟写标题，才能够让你的短视频标题更接近用户心理，从而精准地对焦用户人群。遵循换位原则拟写标题举例说明如下。

短视频创作者在拟写标题前，可以先将有关的关键词输入搜索浏览器中进行搜索，然后从排名靠前的文案中找出它们写作标题的规律，再将这些规律用于自己要撰写的文案标题中。

② 新颖原则

新颖原则能够使短视频文案的标题更具吸引力。若短视频创作者想要让自己文案的标题形式变得新颖，可以采用以下几种方式，如图6-4所示。

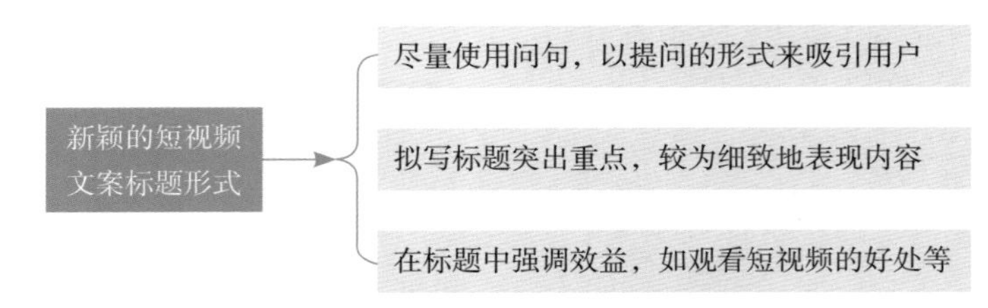

图 6-4　新颖的短视频文案标题形式

③ 关键词组合原则

通过观察，可以发现能获得高流量的文案标题，都是拥有多个关键词并且进行组合之后的标题。这是因为只有单个关键词的标题，它的排名影响力不如多个关键词的标题。

例如，如果仅在标题中嵌入“面膜”这个关键词，那么用户在搜索时，只有搜索到“面膜”这个关键字，文案才会被搜索出来，而标题上如果含有“面膜”“变美”“年轻”等多个关键词，则用户在搜索其中任意关键字的时候，文案都会被搜索出来，这样的短视频标题更能吸引用户的眼球。

（2）重视词根的作用

在拟写文案标题的时候，短视频创作者需要充分考虑怎样去吸引目标受众的关注。而要实现这一目标，就需要从关键词着手。因为关键词由词根构成，因此需要更加重视发挥词根的作用。

词根指的是词语的组成部分，不同的词根组合可以有不同的词意。例如，文案标题为《十分钟教你快速学会手机摄影》，那么这个标题中的“手机摄影”就是关键词，而“手机”“摄影”就是不同的词根。根据词根我们可以写出更多与词根相关的标题，如“摄影技术”“手机拍照”等。

用户一般习惯于根据词根去搜索短视频，而若你的短视频中恰好包含了用户搜索的词根，那么你的短视频便很容易被推荐给用户观看。

（3）凸显文案的主旨

俗话说：“题好一半文。”意在说明一个好的标题就等于视频文案成功了一半。衡量一个标题好坏的方法有很多，而标题是否体现视频的主旨就是这些衡量标题好坏的一个主要参考依据。

如果短视频的标题不能够做到在短视频用户看见它的第一眼就明白它想要

表达的内容，那么这条短视频便不容易被用户查看到，并且短视频容易丧失一部分价值。

因此，短视频创作者为实现短视频内容的高点击量和高效益，在写文案标题时一定要多注重凸显文案的主旨，紧扣短视频的内容。例如，短视频创作者可以在脚本的大致框架中，集中概括出一个或两个关键词作为标题；也可以将自己短视频的内容中想要表达的价值在标题中体现出来。

6.1.3 拟写要求

标题的拟写大多是以为短视频带来更多流量为目标的，即短视频标题的拟写追求的是打造爆款标题。若短视频创作者想要深入学习如何撰写短视频爆款文案标题，则需要掌握相应的拟写要求，如图6-5所示。

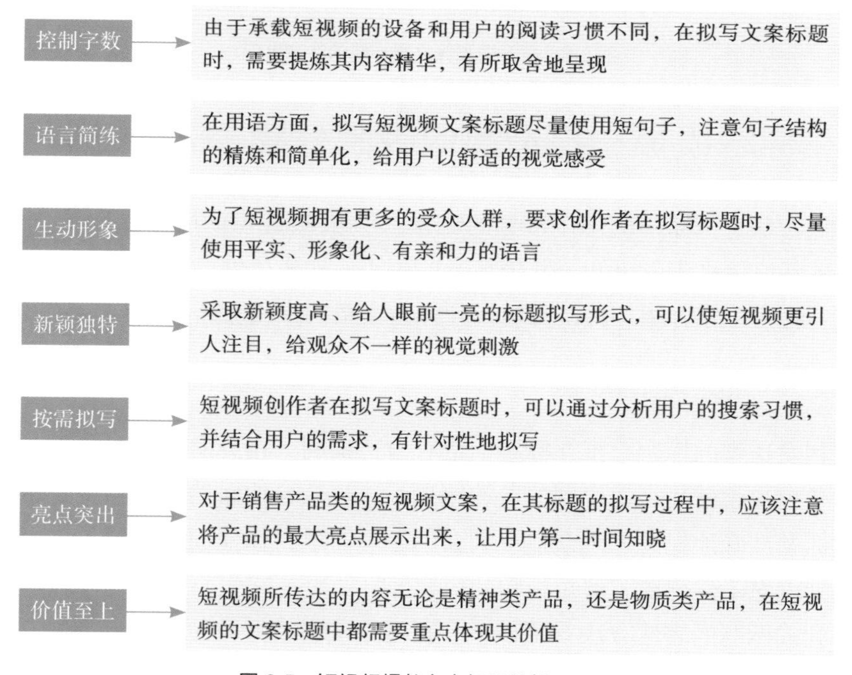

图 6-5 短视频爆款文案标题的拟写要求

6.1.4 注意事项

在撰写标题时，短视频创作者还要注意不要走入误区。一旦标题失误，便会对短视频的数据造成不可小觑的影响。因此要熟知撰写标题的注意事项，如图6-6所示。

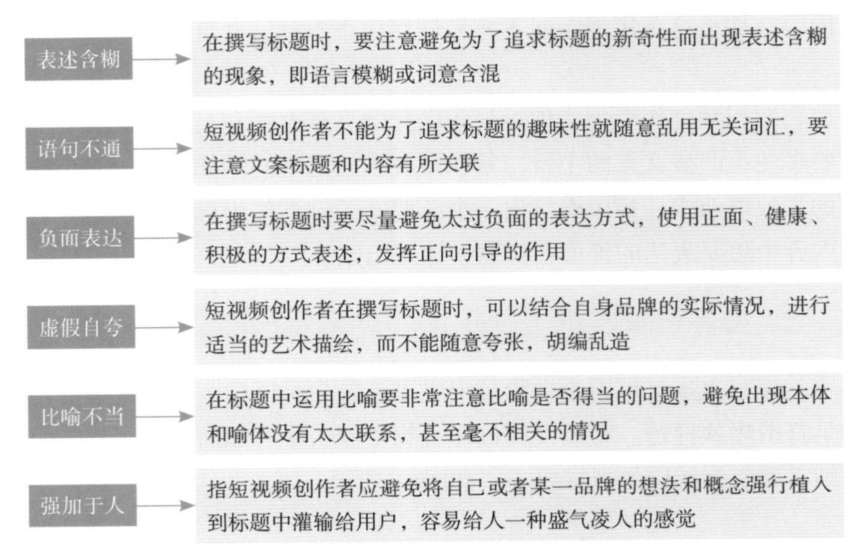

图 6-6　撰写短视频文案标题的注意事项

6.2　标题模板：打造热门吸睛标题

人们常说："标题决定了80%的流量。"虽然这句话的来源和准确性不可考，但由其流传之广就可知，其中涉及的关于标题重要性的话题是值得重视的。本节笔者将为大家介绍10种撰写短视频标题文案的常用套路。

6.2.1　福利型的标题

福利发送型的标题是指在标题上带有与"福利"相关的字眼，向观众传递一种"这条短视频就是来送福利的"的感觉，让观众自然而然地想要看完短视频。福利式标题准确地把握了观众追求利益的心理需求，让他们一看到与"福利"相关的字眼就忍不住想要了解短视频的内容。

福利式标题的表达方法有两种，一种是直接型，另一种则是间接型。虽然具体方式不同，但是效果都相差无几，如图6-7所示。

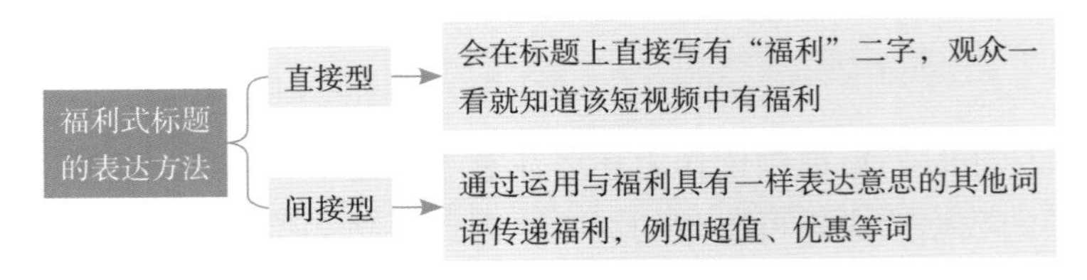

图 6-7　福利式标题的表达方法

值得注意的是，在撰写福利式标题的时候，无论是直接型还是间接型，都应该掌握3点技巧，如图6-8所示。

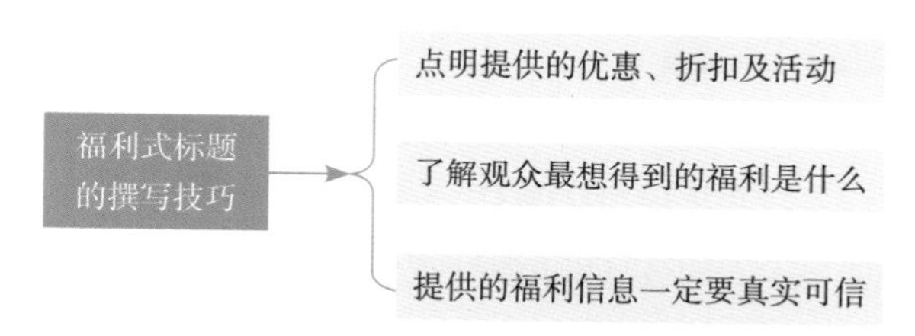

图 6-8　福利式标题的撰写技巧

福利式标题通常会给观众带来一种惊喜之感。试想，如果短视频的标题中或明或暗地指出含有福利，你难道不会心动吗？

福利式标题既可以吸引观众的注意力，又可以为他们带来实际的利益，可谓一举两得。当然，运营者在撰写福利式标题时也要注意，不要因为侧重福利而偏离了主题，而且最好不要使用太长的标题，以免影响短视频的传播效果。

6.2.2　励志型的标题

励志式标题最为显著的特点就是“现身说法”，一般是以第一人称的方式讲故事，故事的内容包罗万象，但总的来说离不开成功的方法、教训及经验等。

如今，很多人都想致富，却苦于没有致富的方法和动力，如果这个时候给他们看励志鼓舞型的短视频，让他们知道成功者是怎样打破困境走上人生巅峰的，他们就很有可能对带有这类标题的内容感到好奇，因此这样的标题结构就会具有独特的吸引力。励志式标题模板主要有两种，如图6-9所示。

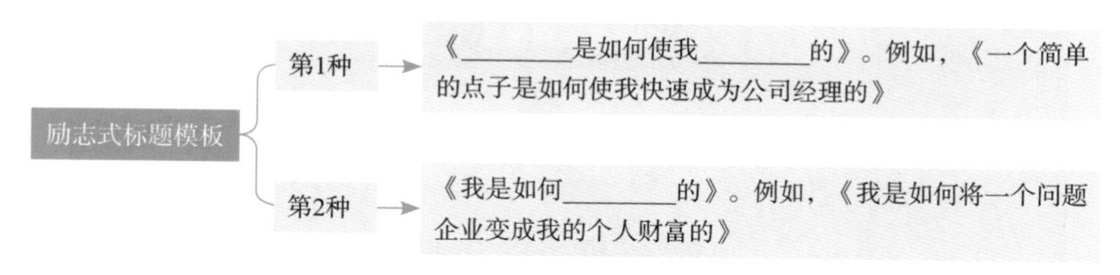

图 6-9　励志式标题模板

励志式标题的好处在于煽动性强，容易给人一种鼓舞人心的感觉，勾起观众的欲望，从而提升短视频的完播率。

那么，打造励志式标题是不是单单依靠模板就好了呢？答案是否定的，模板固然可以借鉴，但在实际的操作中，还是要根据内容的不同而写出特定的标题文案。总的来说，励志式标题有3种技巧可供借鉴，如图6-10所示。

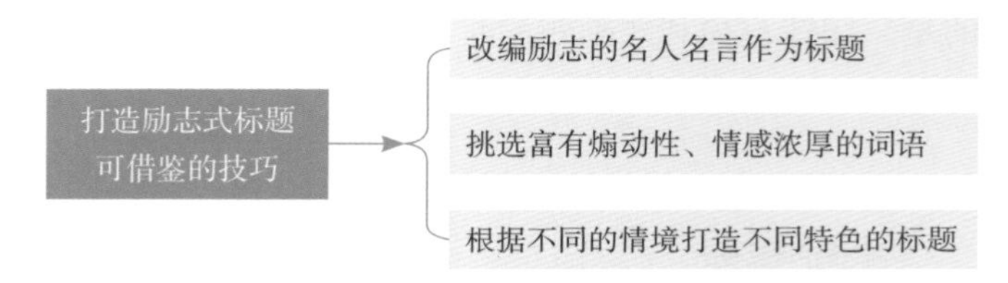

图 6-10　打造励志式标题可借鉴的技巧

一个成功的励志式标题不仅能够带动观众的情绪，而且还能促使他们对短视频产生极大的兴趣。励志式标题一方面利用了观众想要获得成功的心理，另一方面则巧妙借鉴了情感共鸣的方法，通过带有励志色彩的字眼来引起观众的情感共鸣，从而成功吸引他们的眼球。

6.2.3 冲击型的标题

所谓“冲击力”，即给人视觉上和心灵上触动的力量，也是引起用户关注短视频内容的原因，在撰写短视频标题时它有着独有的价值和魅力。

在撰写具有冲击力的标题时，要善于利用“第一次”和“比……还重要”等类似的较具有极端特点的词汇，如图6-11所示。因为用户往往比较关注那些具有特点的事物，而“第一次”和“比……还重要”等词汇是最能充分体现其突出性的，也是最能带给用户强大的戏剧冲击感和视觉刺激感的。

图 6-11　利用“第一次”的短视频

6.2.4 悬念型的标题

好奇是人的天性，悬念型标题就是利用人的好奇心来打造的。它首先抓住用户的眼球，然后引起受众的阅读兴趣。

标题中的悬念是一个诱饵，引导用户查看短视频的内容。因为大部分人看到标题里的疑问和悬念，就忍不住想要进一步弄清楚真相，这就是悬念型标题的套路。

悬念型标题在日常生活中运用得非常广泛，也非常受欢迎。人们在看电视或综艺节目时，也会经常看到一些节目预告，这些预告就是采用悬念型标题引起观众的兴趣的。总的来说，利用悬念撰写标题的方法通常有4种，如图6-12所示。

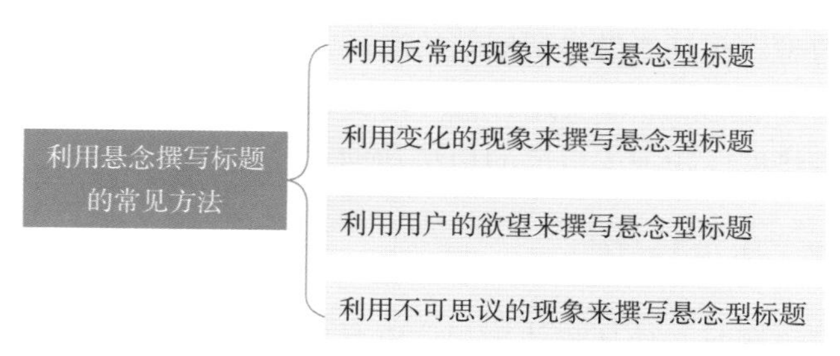

图6-12 利用悬念撰写标题的常见方法

悬念型标题的主要是增强短视频的可看性，因此短视频运营者需要注意的是，使用这种类型的标题，一定要确保短视频内容确实是能够让用户感到惊奇的。不然就会引起他们的失望与不满，继而他们便会对你的账号产生怀疑，影响你在用户心中的形象。

文案的悬念型标题如果是为了悬疑而悬疑，只能够博取大众大概1～3次的眼球，很难保留长时间的效果。如果内容太无趣，无法达到文案引流的目的，那就是一篇失败的文案，会导致文案的营销活动也随之泡汤。

因此，运营者在设置悬念型标题的时候，需要非常慎重，最好有较强的逻辑性，切忌为了标题而忽略了文案的营销目的和文案本身的质量。

6.2.5 借势型的标题

借势是一种常用的标题制作手法，借势不仅完全是免费的，而且效果还很可观。借势型标题是指在标题上借助社会上一些时事热点和新闻的相关词汇来给短视频造势，增加点击量。

借势一般都是借助最新的热门事件吸引受众的眼球。一般来说，时事热点拥有一大批关注者，而且传播的范围也非常广，短视频标题借助这些热点就可以让用户轻易地搜索到自己发布的短视频，从而吸引用户查看该短视频的内容。

那么，在创作借势型标题的时候，应该掌握哪些技巧呢？笔者认为，我们可以从3个方面来努力，如图6-13所示。

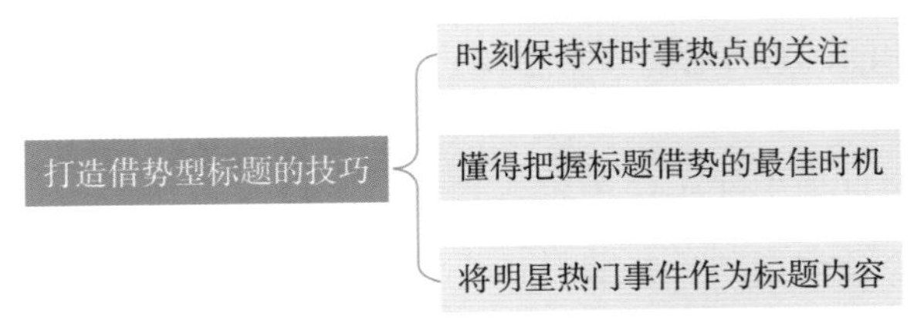

图 6-13 打造借势型标题的技巧

值得注意的是，在打造借势型标题的时候，要注意以下两个方面。

- 带有负面影响的热点不要蹭，大方向要积极向上。
- 最好在借势型标题加入自己的想法和创意，做到借势和创意的完美同步。

6.2.6 急迫型的标题

使用急迫型标题时，往往会让用户产生有可能错过什么的感觉，从而立马查看短视频。这类标题具体应该如何打造？笔者将其相关技巧总结为以下3点，如图6-14所示。

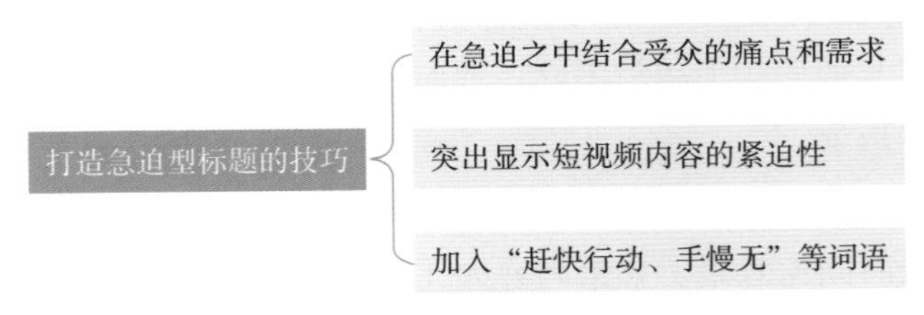

图 6-14 打造急迫型标题的技巧

急迫型标题是促使用户行动起来的最佳手段，同时也是切合用户利益的一种标题形式。

6.2.7 警告型的标题

警告型标题常常通过发人深省的内容和严肃深沉的语调给用户以强烈的心理暗示，给短视频用户留下深刻印象。警告型的新闻标题常常被很多短视频运营者所追捧和使用。

警告型标题是一种有力量且严肃的标题，通过标题给人以警醒作用，从而引起短视频用户的高度注意，它通常会将以下3种内容移植到短视频标题中，如图6-15所示。

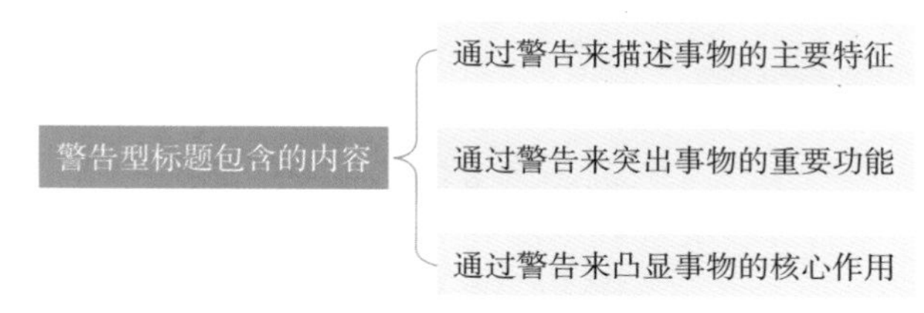

图 6-15　警告型标题包含的内容

很多人只知道警告型标题能够产生比较显著的影响，容易夺人眼球，但具体如何撰写却是一头雾水。笔者在这里分享3点技巧，如图6-16所示。

在运用警告型标题时，需要注意运用是否得当，因为并不是每一个短视频都可以使用这种类型的标题的。

这种标题形式如果运用得当能为短视频加分，运用不当的话，很容易让用户产生反感情绪，或者引起一些不必要的麻烦。因此，短视频运营者在使用警告型标题时要谨慎小心，注意用词是否恰当，绝对不能草率行文，不顾内容胡乱写标题。

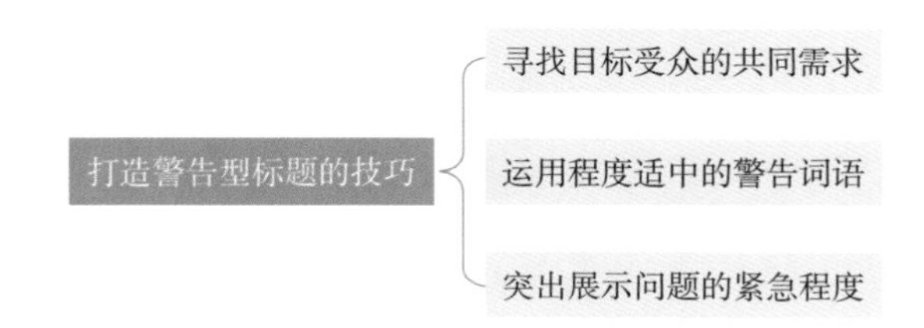

图 6-16　打造警告型标题的技巧

警告型标题的应用场景有很多，无论是技巧类的短视频内容，还是供大众消遣的娱乐八卦新闻，都可以使用这一类型的标题形式。

6.2.8　观点型的标题

观点型标题是以表达观点为核心的一种标题形式，它一般会在标题上精准地提到某个人，并且把他的人名镶嵌在标题之中。值得注意的一点是，这种类型的标题还会在人名后紧接这个人的观点或看法。

观点型标题比较常见，并且可使用范围广。一般来说，这类标题写起来比较简单，基本上都是“人物+观点”的形式。这里笔者总结了观点型标题常用的5种公式，供大家参考，如图6-17所示。

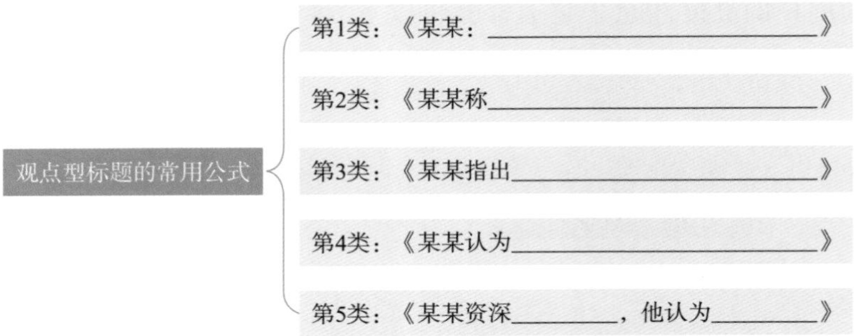

观点型标题的常用公式

- 第1类：《某某：______________________》
- 第2类：《某某称______________________》
- 第3类：《某某指出______________________》
- 第4类：《某某认为______________________》
- 第5类：《某某资深__________，他认为__________》

图 6-17　观点型标题的常用公式

当然，公式是比较刻板的，在实际的标题撰写过程中，不可能完全按照公式来做，只能说它可以为我们提供大致的方向，或者说它只是一个模板，短视频运营者可以灵活地运用它。那么，在撰写具体的观点型标题时，短视频运营者可以借鉴哪些经验技巧呢？如图6-18所示。

观点型标题的好处在于一目了然，观众一看便知道该视频所要传达的主要内容。“人物+观点”的形式往往能在第一时间引起受众的注意，特别是当人物的名气比较大时，从而更好地提升短视频的点击率。

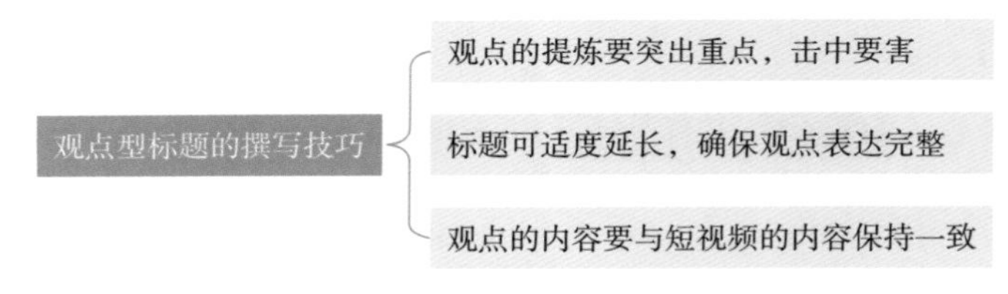

图 6-18　观点型标题的撰写技巧

6.2.9　独家型的标题

独家型标题是指从标题上体现短视频运营者所提供的信息是独有的珍贵资源，值得用户观看和转发。就用户心理方面而言，独家型标题所代表的内容一般给人一种自己率先获知，而别人无所知的感觉，因而观众在心理上更容易获得满足。

在这种情况下，好为人师和想要炫耀的心理就会驱使用户自然而然地去转发短视频，成为短视频潜在的传播源和发散地。

独家型标题会给用户带来独一无二的荣誉感，同时还会使得短视频内容更加具有吸引力，那么短视频运营者在撰写这样的标题时应该怎么做？是直接点明“独家资源，走过路过不要错过”，还是运用其他的方法来暗示用户这条短视频的内容是与众不同的呢？

在这里，笔者提供3点技巧，帮助大家成功打造出夺人眼球的独家型标题，如图6-19所示。

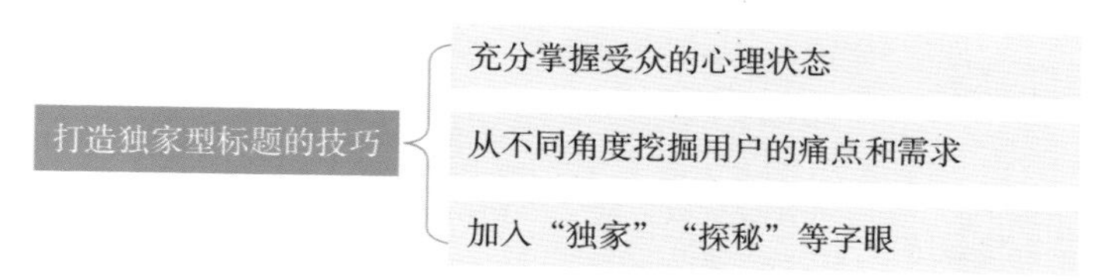

图 6-19　打造独家型标题的技巧

使用独家型标题的好处在于可以吸引到更多的用户，让用户觉得短视频内容比较珍贵，从而主动宣传和推广短视频，让短视频得到广泛传播。

独家性的标题往往也暗示着短视频内容的珍贵性，因此撰写者需要注意，如果标题使用的是带有独家性质的形式，就必须保证短视频的内容也是独一无二的。独家性的标题要与独家性的内容相结合，否则会给用户留下不好的印象，从而影响后续短视频的点击量。

6.2.10　数字型的标题

数字型标题是指在标题中呈现出具体的数字，以数字的形式来概括相关的主题内容。数字不同于一般的文字，它会给用户留下比较深刻的印象，与他们的心灵产生奇妙的碰撞，短视频创作者可以很好地利用他们的好奇心理。在标题中采用数字型标题有不少好处，具体体现在3个方面，如图6-20所示。

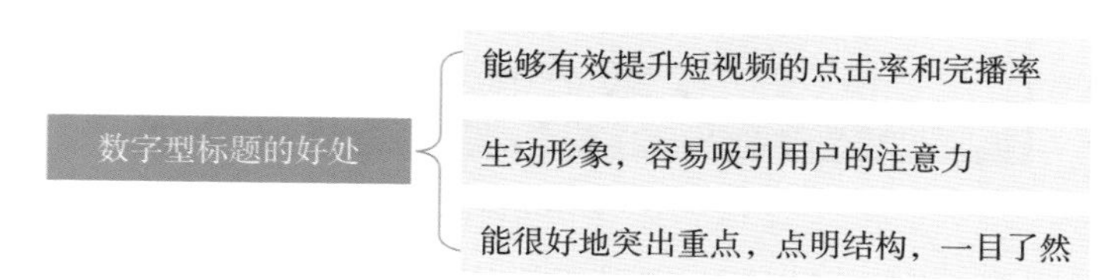

图 6-20　数字型标题的好处

数字型标题很容易打造，因为它是一种概括性的标题，只要做到以下3点就可以撰写出来，如图6-21所示。

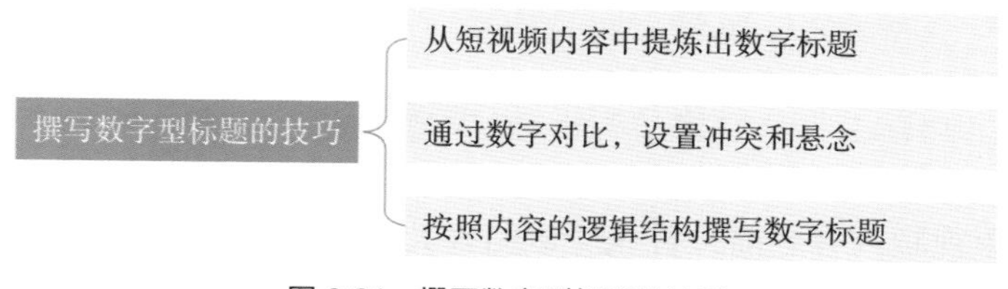

图 6-21　撰写数字型标题的技巧

此外，数字型标题还包括很多不同的类型，比如时间、年龄等，具体来说可以分为3种，如图6-22所示。

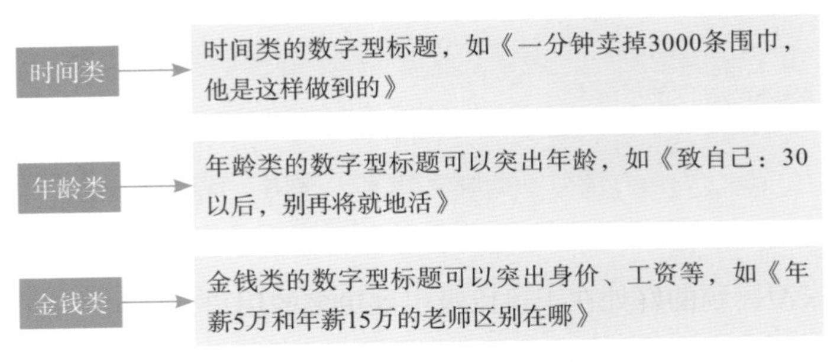

图 6-22　数字型标题的类型

数字型标题是比较常见的，人们通常采用悬殊的对比、层层递进等方式呈现，目的是营造一个比较新奇的情景，让用户产生视觉上和心理上的冲击，如图6-23所示。

图 6-23　数字型标题示例

事实上，很多内容都可以通过具体的数字总结和表达，只要把想重点突出的内容提炼成数字即可；同时还要注意，在打造数字型标题的时候，最好使用阿拉伯数字，统一数字格式，尽量把数字放在标题前面。当然，这也需要短视频运营者根据视频内容来选择数字的格式和数字所放的位置。

6.3　文案优化：进一步完善标题文案

在制作短视频内容之前，首先应该明确其主题内容，并以此拟订标题文案，从而使得标题与内容能够紧密相连。无论短视频的主题内容是什么，最终目的还是吸引观众去点击、观看、评论及分享，从而为账号带来流量，因此掌握撰写有吸引力的短视频标题文案技巧是很有必要的。

值得注意的是，短视频创作者在写文案标题时，若想借助标题给短视频带来更多的流量，可以按照以下6个标准来优化标题，如图6-24所示。

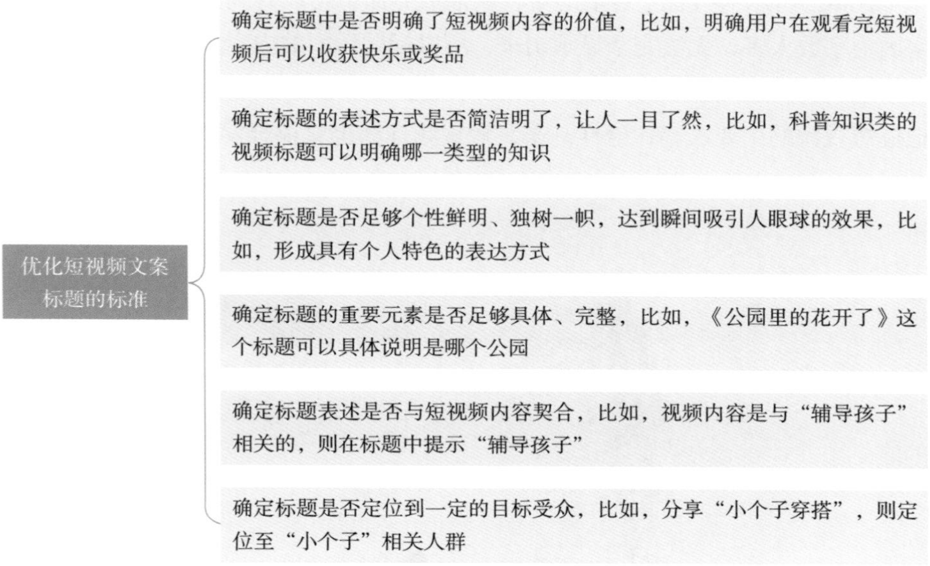

优化短视频文案标题的标准

- 确定标题中是否明确了短视频内容的价值，比如，明确用户在观看完短视频后可以收获快乐或奖品
- 确定标题的表述方式是否简洁明了，让人一目了然，比如，科普知识类的视频标题可以明确哪一类型的知识
- 确定标题是否足够个性鲜明、独树一帜，达到瞬间吸引人眼球的效果，比如，形成具有个人特色的表达方式
- 确定标题的重要元素是否足够具体、完整，比如，《公园里的花开了》这个标题可以具体说明是哪个公园
- 确定标题表述是否与短视频内容契合，比如，视频内容是与“辅导孩子”相关的，则在标题中提示“辅导孩子”
- 确定标题是否定位到一定的目标受众，比如，分享“小个子穿搭”，则定位至“小个子”相关人群

图 6-24　优化短视频文案标题的标准

从短视频的目标来看，大部分短视频的创作都是以广大人群为受众的，受众越广意味着短视频的受欢迎程度越高，相应的短视频获得的效益也会越高。但这一目标的实现有一定的难度，大部分短视频是以某一垂直领域或知识分区来传达内容的，因此短视频的创作者在拟写文案标题时，应重点关注相关领域的目标受众，先巩固好目标受众，再进行受众的范围扩展。

想要深入学习如何撰写爆款短视频标题，就要掌握爆款标题文案的特点。本节笔者将从爆款标题文案的特点出发，重点介绍4大优化技巧，帮助运营者更好地打造爆款短视频标题。

6.3.1　控制字数

部分运营者为了在标题中将短视频的内容讲清楚，会把标题写得很长。那么，是不是标题越长就越好呢？笔者认为，在撰写短视频标题时，应该将字数控制在一定的范围内。

在智能手机品类多样的情况下，不同型号的手机一行显示的字数也是不一样的。一些图文信息在自己手机里看着是一行，但在其他型号的手机里可能就是两行了，在这种情况下，标题中的有些关键信息就有可能被隐藏起来，不利于观众了解标题中描述的重点信息。

如图6-25所示为抖音平台上的短视频播放界面，可以看到，界面中的部分标题文字因为字数太多，无法完全显示出来，所以标题后面的内容显示为省略号，需要点击“展开”按钮才能显示完整。观众看到这些标题后，可能难以在第一时间准确把握短视频的主要内容，这样一来，短视频标题也就很难发挥其应有的作用。

图 6-25　标题字数太多无法完全显示

因此，在制作短视频的标题文案时，在重点内容和关键词的选择上要有所取舍，把最主要的内容呈现出来即可。标题本身就是短视频精华的提炼，字数过长会显得不够精练，同时也容易让观众丧失查看短视频内容的兴趣，因此将标题字数控制在适当的长度才是最好的。

当然，有时候运营者也可以借助标题中的省略号来勾起观众的好奇心，让观众想要了解那些没有显示出来的内容是什么。不过，这就需要运营者在撰写标题的时候把握好这个引人好奇的关键点了。

运营者在撰写短视频标题时要注意，标题应该尽量简短。俗话说“浓缩的就是精华”，短句子本身不仅生动简单，而且内涵丰富，并且越是短的句子，越容易被人接受和记住。运营者撰写短视频标题的目的就是要让观众更快地注意到标题，并被标题吸引，进而点击查看短视频，增加短视频的播放量。这就要求运营者在撰写短视频标题时，要在最短的时间内吸引观众的注意力。

如果短视频文案中的标题过于冗长，就会让观众失去耐心。这样一来，短视频标题将难以达到很好的互动效果。通常来说，撰写简短的标题需要把握好两点，即用词精炼、用句简短。

运营者在撰写短视频标题时，要注意标题用语的简短，切忌标题成分过于复杂。简短的标题会给观众更舒适的视觉感受，阅读标题内容也更为方便。

6.3.2　通俗易懂

短视频文案的受众比较广泛，这其中便包含了一些文化水平不是很高的人群。因此，在语言上的要求是尽可能的形象化和通俗化。

从通俗化的角度来看，就是尽量少用华丽的辞藻和不实用的描述，照顾到绝大多数观众的语言理解能力，利用通俗易懂的语言来撰写标题。否则，不符合观众口味的短视频文案很难吸引他们互动。为了实现短视频标题的通俗化，运营者可以重点从3个方面着手，如图6-26所示。

图 6-26　短视频标题通俗化的要求分析

其中，添加生活化的元素是一种常用的、简单的使标题通俗化的方法，也是一种行之有效的营销宣传方法。利用这种方法，可以把专业性的、不易理解的词汇和道理通过生活元素形象、通俗地表达出来。

总之，运营者在撰写短视频的标题时，要尽量通俗易懂，让观众在看到标题后能更好地理解其内容，从而让他们更好地接受短视频中的观点。

6.3.3　形式新颖

在短视频文案的写作中，标题的形式千千万万，运营者不能只是拘泥于几种常见的标题形式，因为普通的标题早已不能够吸引每天都在变化的观众了。

那么，什么样的标题才能够引起观众的注意呢？笔者认为，以下3种做法比较具有实用性，且又能吸引观众的关注。

（1）在短视频标题中使用问句，能在很大程度上激发观众的兴趣和参与度，如图6-27所示。例如，《你想成为一个事业和家庭都成功的人士吗？》《为什么你运动了却依然瘦不下来？》《早餐、午餐、晚餐的比例到底怎样划分才更加合理？》等，这些标题对那些急需解决这方面问题的观众来说是十分具有吸引力的。

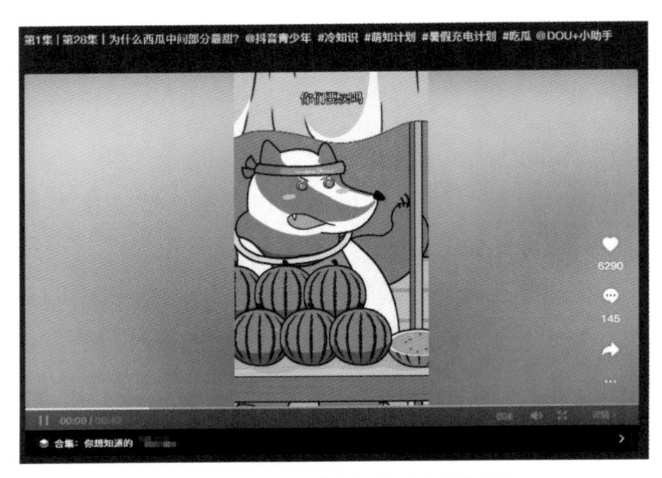

图 6-27　使用问句的短视频标题示例

（2）短视频标题中的元素越详细越好，越是详细的信息对那些需求紧迫的观众来说，就越具有吸引力。例如，上面所说的《为什么你运动了却依然瘦不下来？》，如果笼统地写成《你想减肥吗？》，这样标题的针对性和说服力都会大打折扣。

（3）在短视频标题之中将能带给观众的利益明确地展示出来。观众在标题中看到有利于自身的东西，才会去注意和查阅。所以，运营者在撰写标题时，要突出带给观众的利益，才能吸引他们的目光，让观众对标题中的内容产生兴趣，进而点击查看短视频。

★ 专家提醒 ★

运营者在撰写短视频的标题时，要学会用新颖的标题来吸引观众的注意力。对于那些千篇一律的标题，观众看多了也会产生审美疲劳，而适当的创新则能让他们的感受大有不同。

6.3.4　满足需求

在运营短视频的过程中，短视频创作者撰写标题和方案的目的主要就在于告诉观众通过了解和关注短视频内容，能获得哪些方面的实用性知识，或者能得到哪些具有价值的信息。因此，为了提升短视频的点击量，运营者在写标题时应该对其实用性进行展现，以期最大限度地吸引观众的眼球。

比如，与健身有关的短视频账号，都会在短视频内容中介绍一些健身的方法，并在标题中将其展示出来。观众看到标题之后，就会点击查看标题所介绍的关于健身的详细方法。

像这类具有实用性的短视频标题，运营者在撰写时就对短视频内容的实用性和针对对象做了说明，为那些需要相关方面知识的观众提供了实用性的解决方案。

可见，展现实用性的短视频标题，多出现在专业的或与生活常识相关的平台上。除了上面所说的在关于健身的标题中展现其实用性，其他专业化的短视频平台或账号的标题也需要满足观众需求。

比如，一些分享摄影技术或摄影器材的短视频，运营者就会在短视频标题中将其实用性展示出来，让观众能够快速了解创作者发布这条短视频的目的是什么，如图6-28所示。

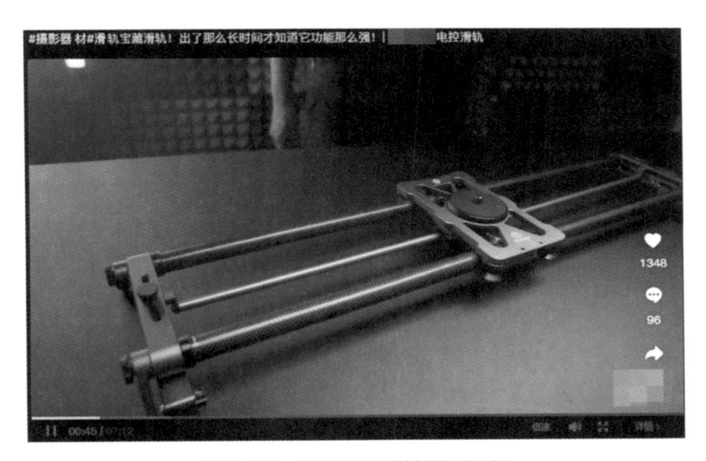

图 6-28　分享摄影器材的短视频

撰写展现实用性的标题的原则是一种非常有效的引流方法，特别是对那些在生活中遇到类似问题的观众而言。利用这一原则撰写的短视频标题是非常受欢迎的，因此通常更容易获得较高的点击量。

★ 专家提醒 ★

一般来说，好的短视频标题要能够契合观众的心理。运营者撰写标题和观众阅读标题其实是一个相互的过程，运营者想要传达某些思想或要点给观众的同时，观众也希望能通过标题看到可从短视频当中获得的益处或奖赏。

拍摄剪辑篇

第 7 章

拍摄技巧：快速抓住用户目光

对短视频来说，即使是相同的场景，创作者也可以采用不同的构图和光线形式，形成不同的画面效果。我们在拍摄短视频作品时，可以通过适当的构图和打光技巧，展现画面独特的魅力。

7.1　构图方法：10个方法让你拍出电影感

在拍摄短视频时，构图是指通过安排各种事物或元素，来实现一个主次关系分明的画面效果。我们在拍摄短视频时，可以通过适当的构图方式，将自己的主题思想和创作意图形象化和可视化，从而创造出更出色的视频画面效果。本节我们便来了解一下拍摄短视频的构图方法。

7.1.1　黄金分割构图

黄金分割构图法是以1：1.618这个黄金比例来进行构图的，包括多种形式。通过运用黄金分割构图法可以让视频画面更自然、舒适，更能吸引观众的眼球。

★ 专 家 提 醒 ★

黄金分割线是在九宫格的基础上，将所有线条都分成3/8、2/8、3/8的线段，而它们中间的交叉点就是黄金比例点，是画面的视觉中心。在拍摄视频时，可以将要表达的主体放置在这个黄金分割线的比例点上，来突出画面主体。

黄金分割线还有一种特殊的表示方法，那就是黄金螺旋线。它是根据斐波那契数列画出来的螺旋曲线，是自然界最完美的经典黄金比例线条，如图7-1所示。

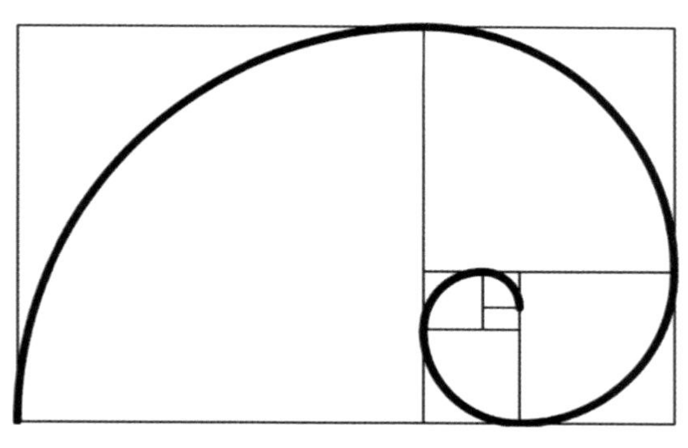

图7-1　黄金螺旋线

很多手机的相机都自带了黄金螺旋线构图辅助线，我们在拍摄时可以直接打开该功能，将螺旋曲线的焦点对准主体，然后再切换至视频模式拍摄。

7.1.2　九宫格构图

九宫格构图又叫井字形构图，是指用横竖各两条直线将画面等分为9个空间，不仅可以让画面更加符合人们的视觉习惯，而且还能突出主体、均衡画面。如图7-2所示为九宫格构图示例。使用九宫格构图拍摄视频，不仅可以将主体放在4个交叉点上，而且可以将其放在9个空格内，从而使主体非常自然地成为画面的视觉中心。

图 7-2　九宫格构图示例

7.1.3　对称构图

对称构图是指画面中心有一条线把画面分为对称的两部分，画面可以是上下对称，也可以是左右对称，或者是斜向对称，这种对称画面会给人一种平衡、稳定、和谐的视觉感受。

如图7-3所示，以水面为水平对称轴，水面清晰地反射了上方的景物，形成上下对称构图，让视频画面的布局更为平衡。

图 7-3　上下对称构图示例

7.1.4　三分线构图

三分线构图是指将画面横向或纵向分为3部分，在拍摄视频时，将对象或焦点放在三分线的某一位置上进行构图取景，让对象更加突出，让画面更加美观。

使用三分线构图拍摄视频的方法十分简单，只需将视频拍摄主体放置在画面的横向或纵向三分之一处即可。如图7-4所示，视频画面中上面三分之二为山川白云，下面三方之一为江面，构成一张美丽的山水图片。

图 7-4　三分线构图示例

采用三分线构图拍摄短视频最大的优点就是，将主体放在偏离画面中心的三分之一位置处，使画面不至于太枯燥、呆板，还能突出视频的主题，使画面紧凑有力。

7.1.5　水平线构图

水平线构图就是利用一条水平线来进行构图取景，给人带来辽阔和平静的视觉感受。水平线构图需要用户前期多看、多琢磨，来寻找一个好的拍摄地点进行拍摄。水平线构图对拍摄者的画面感有着比较高的要求，看似最为简单的构图方式，反而常常要花费大量的时间才能拍摄出一个好的视频作品。

如图7-5所示为采用水平线构图拍摄的画面示例。该图利用水平线平分整个画面，可以让画面达到绝对的平衡，体现出不一样的视觉感受。

对于利用水平线构图的拍摄最主要的就是寻找到水平线，或者与水平线平行的直线，笔者在这里分为两种类型为大家进行讲解。

图 7-5　水平线构图示例

- 第一种就是直接利用水平线进行视频的拍摄。
- 第二种就是利用与水平线平行的线进行构图，如地平线等。

7.1.6　斜线构图

斜线构图主要利用画面中的斜线引导观者的目光，同时能够展现物体的运动、变化及透视规律，可以让视频画面更有活力和节奏感，如图7-6所示。斜线的纵向延伸可加强画面的透视效果，而斜线的不稳定性则可以使画面富有新意，给观众带来独特的视觉感受。

图 7-6　斜线构图示例

在拍摄短视频时，想要获得斜线构图效果不是难事。一般来说，利用斜线构图拍摄视频主要有以下两种方法。

- 利用视频拍摄主体本身具有的线条构成斜线。
- 利用周围的环境或道具为视频拍摄主体构成斜线。

7.1.7　框式构图

框式构图也叫框架式构图，也有人称窗式构图或隧道构图。框式构图的特征是借助某个框式图形来构图，而这个框式图形可以是规则的，也可以是不规则的，可以是方形的，也可以是圆的，甚至是多边形的。

框式构图的重点是利用主体周边的物体构成一个边框，可以起到突出主体的作用。框式构图主要是通过门、窗等作为前景形成框架，透过门、窗框的范围引导观者的视线至被摄对象上，使得视频画面的层次感得到增强，同时具有更多的趣味性，形成不一样的画面效果。

★ 专家提醒 ★

框式构图其实还有一层更高级的玩法，大家可以去尝试一下，就是逆向思维，通过对象来突出框架本身的美，这里是指将对象作为辅体，框架作为主体。

想要拍摄采用框式构图的视频，就需要寻找到能够作为框架的物体，这需要我们在日常生活中多仔细观察，留心身边的事物。如图7-7所示就是利用方形结构作为框架进行构图的，能够增强视频画面的纵深感。

图7-7　利用方形结构作为框架进行构图

7.1.8 透视构图

透视构图是指视频画面中的某一条线或某几条线，产生了由近及远形成的延伸感，能使观众的视线沿着视频画面中的线条汇聚成一点。

在短视频的拍摄中，透视构图可以分为单边透视和双边透视。单边透视是指视频画面中只有一边带有由远及近形成延伸感的线条，能增强视频拍摄主体的立体感；双边透视则是指视频画面两边都带有由远及近形成延伸感的线条，能很好地汇聚观众的视线，使视频画面更具有动感和深远的意味，如图7-8所示。

图 7-8 双边透视构图示例

★ 专 家 提 醒 ★

透视构图本身就有“近大远小”的规律，这些透视线条能让观众的眼睛沿着线条指向的方向看去，有引导观众视线的作用。选用透视构图法的关键所在自然是找到有透视特征的事物，比如一条由近到远的马路、围栏或走廊等。

7.1.9 中心构图

中心构图就是将拍摄主体放置在视频画面的中心进行拍摄，其最大的优点在于主体突出、明确，而且画面可以达到上下左右平衡的效果，更容易抓人眼球。

如图7-9所示为采用“推镜头+中心构图”拍摄的视频画面，其构图形式非常精炼，在运镜的过程中始终将人物放在画面中间，观众的视线会自然而然地集中到主体上，让创作者想表达的内容一目了然。

图 7-9　中心构图示例

7.1.10　几何形构图

几何形构图主要是利用画面中的各种元素组合成一些几何形状，如圆形、矩形和三角形等，让作品更具形式美感。

（1）圆形构图

圆形构图主要是利用拍摄环境中的正圆形、椭圆形或不规则圆形等物体来取景，可以形成旋转、运动、团结一致和收缩的视觉效果，同时还能够产生强烈的向心力。如图7-10所示为圆形构图示例。

图 7-10　圆形构图示例

（2）矩形构图

矩形在生活中比较常见，如建筑外形、墙面、门框、窗框、画框和桌面等，如图7-11所示。矩形是一种非常简单的画框分割形态，用矩形构图能够让画面呈现出静止、不屈和正式的视觉效果。

图 7-11　矩形构图示例

（3）三角形构图

三角形构图主要是指画面中有3个视觉中心，或者用3个点来安排景物构成一个三角形，这样拍摄的画面极具稳定性。三角形构图包括正三角形（坚强、踏实）、斜三角形（安定、均衡、带有灵活性）或倒三角形（明快、给人紧张感、有张力）等不同形式。

7.2　打光秘诀：掌握光的艺术表现

虽然短视频的拍摄门槛不高，但是好的短视频大多不是轻易就可以拍出来的。除了构图，打光也是非常重要的一环，打光处理得好，更容易拍出优秀的短视频。摄影可以说就是光的艺术表现，如果想要拍出好作品，必须把握住最佳影调，抓住瞬息万变的光线。

7.2.1　控制视频画面的影调

从光线的质感和强度上来区分，画面影调可以分为高调、低调、中间调，以及粗犷、细腻、柔和等。对于短视频的拍摄，影调的控制也是相当重要的，它是短视频拍摄常用的情绪表达方式，不同的影调能够给人带来不同的视觉感受。下面我们便来看一下各影调的主要特点。

（1）粗犷画面影调的主要特点：明暗过渡非常强烈，画面中的中灰色部分面积比较小，基本上不是亮部就是暗部，反差非常大，可以形成强烈的对比，画面视觉冲击力强。

（2）柔和画面影调的主要特点：在拍摄场景中几乎没有明显的光线，明暗反差非常小，被拍物体也没有明显的暗部和亮部，画面比较朦胧，给人的视觉感受非常舒服。

（3）细腻画面影调的主要特点：画面中的灰色占主导地位，明暗层次感不强，但比柔和的画面影调要稍好一些，而且也兼具了柔和影调的特点。通常要拍出细腻影调的画面，可以采用顺光、散射光等光线。

（4）高调画面光影的主要特点：画面以亮调为主导，暗调占据的面积非常小，或者几乎没有暗调，色彩主要为白色、亮度高的浅色及中等亮度的颜色，画面看上去很明亮、柔和。

（5）中间调画面光影的主要特点：画面的明暗层次、感情色彩等都非常丰富，细节把控也很好，不过其基调并不明显，可以用来展现独特的影调魅力，能够很好地体现产品的细节特征。

（6）低调画面光影的主要特点：暗调为画面的主体影调，受光面非常小，色彩主要为黑色、低亮度的深色及中等亮度的颜色，在画面中留下大面积的阴影，呈现出深沉、黑暗的画面风格，会给观众带来深邃、凝重的视觉效果。

7.2.2　利用不同类型的光源

不管是阴天、晴天、白天、黑夜，都存在光影效果，拍视频要有光，更要用好光。下面介绍3种不同的光源，自然光、人造光、现场光的相关知识，让大家认识这3种常见的光源，然后利用这些光源来让短视频的画面色彩更加丰富。

（1）自然光

自然光，显而易见就是指大自然中的光线，通常来自太阳的照射，是一种热发光类型。自然光的优点在于光线比较均匀，而且照射面积也非常大，通常不会产生有明显对比的阴影。自然光的缺点在于光线的质感和强度不够稳定，会受到光照角度和天气因素的影响。

（2）人造光

人造光主要是指利用各种灯光设备产生的光线效果，比较常见的光源类型有白炽灯、日光灯、节能灯及发光二极管（Light-Emitting Diode，LED）灯等，相关优缺点如图7-12所示。人造光的主要优势在于可以控制光源的强弱和照射角度，从而完成一些特殊的拍摄要求，增强画面的视觉冲击力。

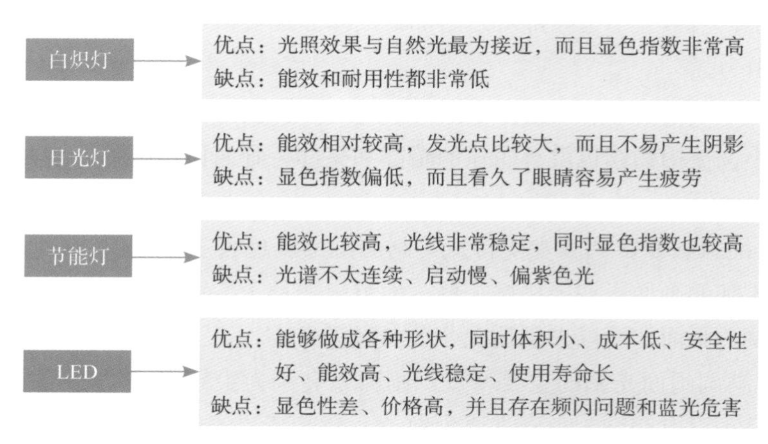

图 7-12　各种人造光的优缺点

如图7-13所示为人造光图示例。人物旁边的台灯展现了一股复古的风格，营造出了民国时期的氛围，与模特身上的衣服相互匹配、映衬。

图 7-13　人造光图示例

（3）现场光

现场光主要是指拍摄现场存在的各种已有光源，如路灯、建筑外围的灯光、舞台氛围灯、室内现场灯及大型烟花晚会的光线等，这种光线可以更好地传递场景中的情调，而且真实感很强。

但需要注意的是，我们在拍摄时需要尽可能地找到高质量的光源，避免画面模糊。光线是可以利用的，所以当我们不能有效利用环境光时，可以尝试使用人造光源或现场光源，这也是一种十分有效的拍摄方法。

7.2.3 利用反光板控制光线

在室外拍摄模特或产品时，很多人会先考虑背景。其实光线才是首要因素，如果没有好的光线照到模特的脸上，再好的背景也是没用的。反光板是摄影中常用来补光的设备，通常有5种颜色，作用也各不相同，如图7-14所示。

图 7-14　反光板

反光板的反光面通常采用优质的专业反光材料制作而成，反光效果均匀。骨架则采用高强度的弹性尼龙材料，轻便耐用，可以轻松折叠收纳。另外，大家还可以选购一个可伸缩的反光板支架，能够安装各类反光板，而且还配有方向调节手柄，可以配合灯架使用，根据需求来调节光线的角度。

银色反光板表面明亮且光滑，可以产生更为明亮的光，很容易映到模特的眼睛里，从而拍出大而明亮的眼神光。在阴天或顶光环境下，可以直接将银色反光板放在模特的脸部下方，让它刚好位于镜头的视场之外，从而将顶光反射到模特脸上。

与银色反光板的冷调光线不同的是，金色反光板产生的光线偏暖色调，通常可以作为主光使用。在明亮的自然光下逆光拍摄模特时，可以将金色反光板放在模特侧面或正面稍高的位置，将光线反射到模特的脸上，不仅可以形成定向的光线效果，而且还可以防止背景出现曝光过度的情况。

7.2.4 不同方向光线的特点

顺光就是指照射在被摄对象正面的光线，光源的照射方向和手机的拍摄方向基本相同。利用顺光拍摄的照片画面的主要特点是受光非常均匀，画面比较通透，不会产生非常明显的阴影，而且色彩也非常真实、亮丽，如图7-15所示。

图 7-15 顺光拍摄效果

侧光是指光源的照射方向与手机拍摄方向呈90°左右的直角状态，因此被摄对象受光源照射的一面非常明亮，而另一面则比较阴暗，画面的明暗层次非常分明，可以打造出一定的立体感和空间感。

前侧光是指从被摄对象的前侧方照射过来的光线，光源的照射方向与手机的拍摄方向形成45°左右的水平角度，画面的明暗反差适中，立体感和层次感都很不错，如图7-16所示。

图 7-16 前侧光拍摄效果

逆光是指从被摄对象的后面正对着镜头照射过来的光线，可以产生明显的剪影效果，从而展现出被摄对象的轮廓线条，如图7-17所示。

图 7-17　逆光拍摄效果

顶光是指从被摄对象顶部垂直照射下来的光线，与手机的拍摄方向形成90°左右的垂直角度，主体下方会留下比较明显的阴影，往往可以营造出立体感，同时可以体现出分明的上下层次关系。

底光是指从被摄对象底部照射过来的光线，也可以称为脚光，通常为人造光源，容易形成阴险、恐怖、刻板的视觉效果。

7.2.5　选择合适的拍摄时机

在户外拍摄短视频时，自然光线是必备元素，因此我们需要花一些时间去等待拍摄时机，抓住“黄金时刻”来拍摄。同时，我们还需要具备极强的应变能力，快速做出合理的判断。当然，具体的拍摄时间要“因地而异”，没有绝对的说法，在任何时间点都能拍出漂亮的短视频，关键就在于你对光线的理解和时机的把握了。

很多时候，光线的“黄金时刻”就那么一两秒钟，我们需要在短时间内迅速构图并调整机位进行拍摄。因此，在拍摄短视频前，如果你的时间比较充足，可以事先踩点确认好拍摄机位，这样在“黄金时刻”到来时，不至于匆匆忙忙地再去做准备。

通常情况下，日出后的一小时和日落前的一小时是拍摄绝大多数短视频的“黄金时刻”，此时的太阳位置较低，光线非常柔和，能够使画面的色彩非常丰富，而且画面中会形成阴影，更有层次感，如图7-18所示。

图 7-18 日落前“黄金时刻”的拍摄效果

当然，并不是说“黄金时刻”就适合所有的场景。如图7-19所示的画面并非拍摄于日出日落的“黄金时刻”，而是在中午时分拍的，能够更好地展现青绿色的草地和蓝天白云的场景，因此中午就是这个场景的最佳拍摄时机。

图 7-19 中午时分拍摄的画面

★ 专家提醒 ★

好的光线条件，对于短视频主题的表现和气氛的烘托至关重要，因此我们要善于在拍摄时等待和捕捉光线，让画面中的光线更有意境。

第8章

后期剪辑：弥补优化视频内容

如今，短视频的剪辑工具越来越多，功能也越来越强大。其中，剪映App是抖音推出的一款视频剪辑软件，不仅拥有全面的视频剪辑、音频剪辑和文字处理功能，还有丰富的曲库资源和视频素材资源。本章主要以剪映App为例，介绍短视频的后期剪辑技巧。

8.1 基础剪辑：一部手机轻松搞定

剪映App是一款功能非常全面的手机剪辑软件，能够让我们在手机上轻松完成短视频的剪辑工作。本节将介绍剪映App中一些常用的视频剪辑功能，帮助大家打好短视频剪辑的基础。

8.1.1 裁剪视频尺寸

扫码看成品效果

扫码看教学视频

【效果展示】：我们可以通过剪映App裁剪短视频，改变画面大小，裁掉多余的背景，从而实现拉近画面来突出主体的效果，如图8-1所示。

图 8-1　效果展示

下面介绍裁剪视频尺寸的具体操作方法。

步骤 01 在剪映App中导入一段视频素材，如图8-2所示。

步骤 02 选择视频轨道，或者点击“剪辑”按钮，即可调出剪辑工具栏，如图8-3所示。

图 8-2　导入视频素材

图 8-3　选择视频轨道

步骤03 点击剪辑工具栏中的“编辑”按钮，如图8-4所示。

步骤04 在编辑工具栏中，点击“裁剪”按钮，如图8-5所示。

图 8-4　点击“编辑”按钮

图 8-5　点击“裁剪”按钮

步骤05 进入“裁剪”界面，默认进入“自由”裁剪模式，如图8-6所示。

步骤06 拖曳裁剪控制框，即可裁剪视频，如图8-7所示。拖曳视频，可以调整画面的构图，点击✓按钮，即可应用裁剪操作。

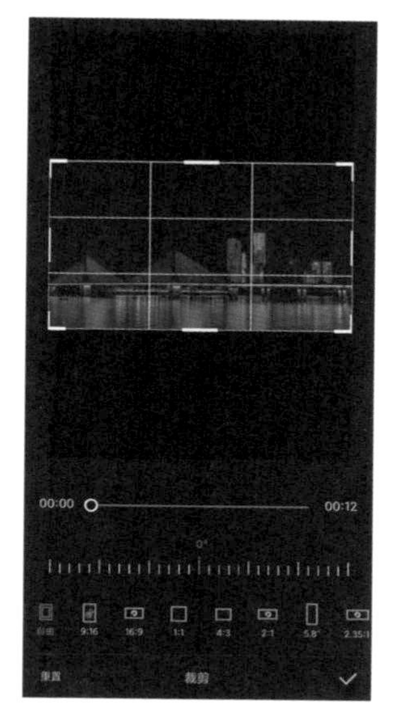

图 8-6　进入“裁剪”界面

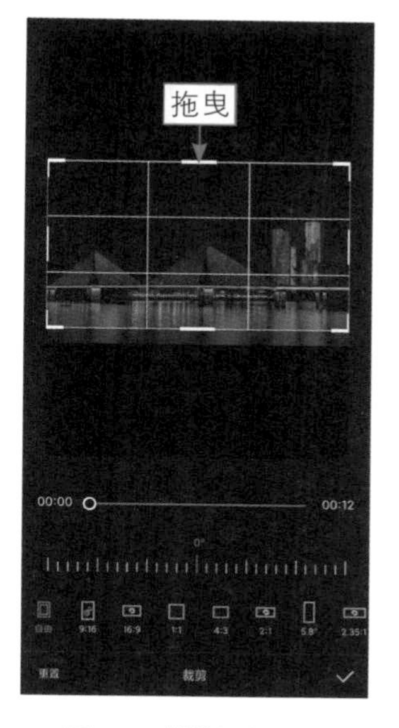

图 8-7　裁剪视频画面

8.1.2 分割视频素材

【效果展示】：使用剪映App可以对短视频快速进行分割、复制、删除等剪辑处理，剪出想要保留的精华视频片段，效果如图8-8所示。

扫码看成品效果

扫码看教学视频

图 8-8 效果展示

下面介绍分割视频素材的具体操作方法。

步骤 01 在剪映App中导入一段视频素材，点击“剪辑”按钮，如图8-9所示。

步骤 02 进入视频剪辑界面，拖曳时间线至需要分割的位置处，如图 8-10 所示。

图 8-9 点击“剪辑”按钮

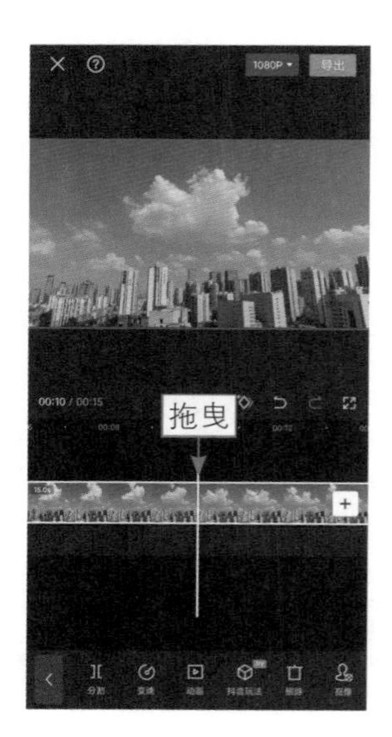

图 8-10 拖曳时间线

步骤 03 点击“分割”按钮，即可将视频分割为两个片段，如图8-11所示。

步骤 04 点击“删除”按钮，如图8-12所示，即可删除所选视频片段。

图 8-11　分割视频

图 8-12　点击“删除”按钮

8.1.3　替换视频素材

扫码看成品效果　扫码看教学视频

【效果展示】：使用剪映App的“替换”素材功能，能够快速替换掉视频轨道中不合适的视频素材，效果如图8-13所示。

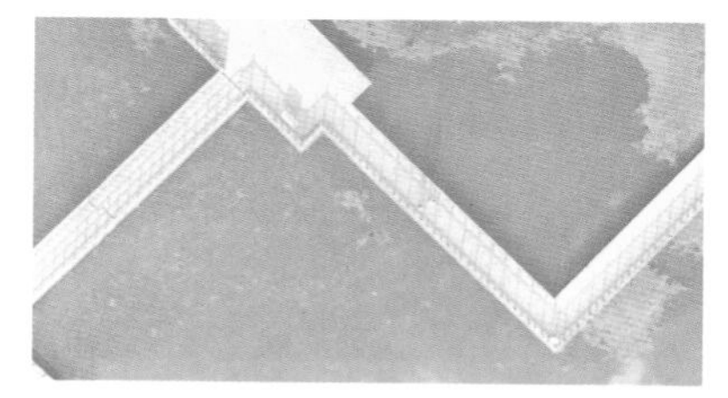

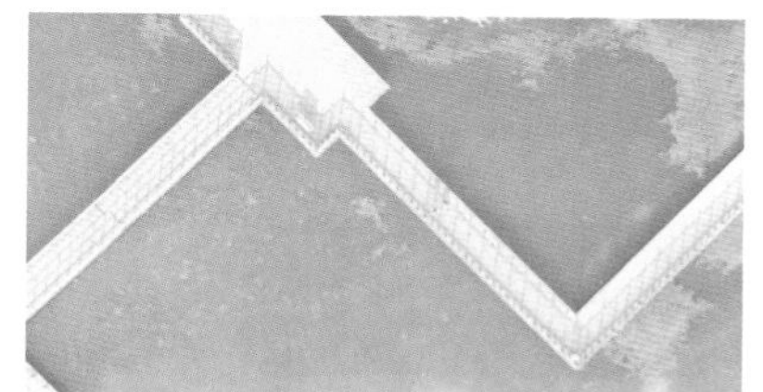

图 8-13　效果展示

下面介绍替换视频素材的具体操作方法。

步骤01 在剪映App中导入相应的视频素材，如图8-14所示。

步骤02 ❶选择要替换的视频片段；❷点击“替换”按钮，如图8-15所示。

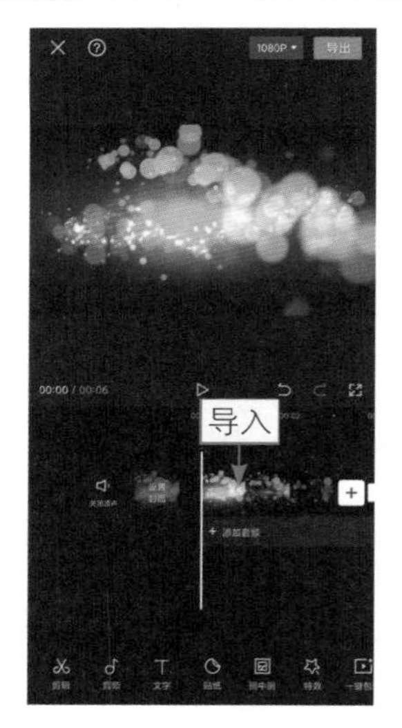

图 8-14　导入视频素材

图 8-15　点击“替换”按钮

步骤03 进入手机相册，切换至“素材库”选项卡，在“片头”选项区中选择合适的动画素材，如图8-16所示。

步骤04 预览片头效果，点击“确认”按钮，即可替换视频素材，如图8-17所示。

图 8-16　选择合适的动画素材

图 8-17　替换所选的素材

8.1.4　视频变速处理

【效果展示】：使用剪映 App 的“变速”功能能够改变视频的播放速度，让画面更有动感，同时还可以模拟出“蒙太奇”的镜头效果，如图 8-18 所示。

扫码看成品效果

扫码看教学视频

图 8-18　效果展示

下面介绍对视频进行变速处理的具体操作方法。

步骤 01 在剪映App中导入一段视频素材，点击“剪辑”按钮，如图8-19所示。

步骤 02 进入视频剪辑界面，点击“变速”按钮，如图8-20所示。

图 8-19　点击“剪辑”按钮

图 8-20　点击“变速”按钮

步骤03 执行操作后，点击“常规变速”按钮，如图8-21所示。

步骤04 拖曳红色的圆环滑块，即可调整整段视频的播放速度，如图8-22所示。

图8-21　点击“常规变速”按钮

图8-22　调整整段视频的播放速度

步骤05 点击“重置”按钮复原并返回上一步，在变速工具栏中点击“曲线变速”按钮进入曲线变速界面，选择“蒙太奇”选项，如图8-23所示。

步骤06 点击“点击编辑”按钮，进入“蒙太奇”编辑界面，如图8-24所示，在此可以进一步调整变速点。

图8-23　选择“蒙太奇”选项

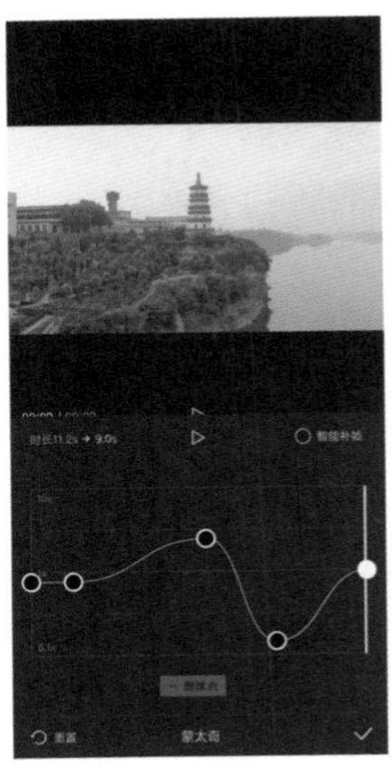

图8-24　“蒙太奇”编辑界面

★ 专 家 提 醒 ★

值得注意的是，在“曲线变速”的“蒙太奇”编辑界面中，用户可以随意增加变速点。用户只需将时间线拖曳到需要进行变速处理的位置，点击 +添加点 按钮，即可添加一个新的变速点。将时间线拖曳到需要删除的变速点上，点击 -删除点 按钮，即可删除所选的变速点。用户可以根据背景音乐的节奏，适当添加、删除并调整变速点的位置。

8.1.5 人物磨皮瘦脸

扫码看成品效果

扫码看教学视频

【效果展示】：为了使视频中的自己更加令人赏心悦目，在剪映App中，用户可以使用“美颜美体”中的“智能美颜”功能，对短视频中的人物进行磨皮和瘦脸等美化处理，让皮肤变得更加细腻，脸蛋也变得更娇小，效果如图8-25所示。

图 8-25　效果展示

下面介绍人物磨皮瘦脸的具体操作方法。

步骤 01 在剪映App中导入一段视频素材，点击“剪辑”按钮，如图8-26所示。

步骤 02 执行操作后，点击“美颜美体”按钮，如图8-27所示。

步骤 03 执行操作后，点击“美颜”按钮进入“智能美颜”界面，❶选择“磨皮”选项；❷适当向右拖曳滑块，使得人物的皮肤更加细腻，如图8-28所示。

步骤 04 ❶选择“瘦脸”选项；❷适当向右拖曳滑块，使得人物的脸型更加完美，如图8-29所示。

图 8-26　点击“剪辑”按钮

图 8-27　点击“美颜美体”按钮

图 8-28　磨皮

图 8-29　瘦脸

8.2　音频剪辑：提升短视频效果

音频是短视频中非常重要的元素，选择好的背景音乐或者语音旁白，能够让你的作品不费吹灰之力就上热门。本节主要介绍短视频的音频剪辑和处理技巧，包括添加音乐、提取音乐、添加淡化效果及添加音效等。

8.2.1　添加背景音乐

扫码看成品效果

扫码看教学视频

【效果展示】：剪映App具有非常丰富的背景音乐曲库，而且进行了十分细致的分类，用户可以根据自己的短视频内容或主题来快速选择合适的背景音乐，效果如图8-30所示。

图 8-30　效果展示

下面介绍为短视频添加背景音乐的具体操作方法。

步骤 01 在剪映App中导入一段视频素材，点击"关闭原声"按钮，如图8-31所示，即可将原声关闭。

步骤 02 执行操作后，点击"音频"按钮，如图8-32所示。

图 8-31　将原声关闭

图 8-32　点击"音频"按钮

步骤03 执行操作后，点击“音乐”按钮，如图8-33所示。

步骤04 选择相应的音乐类型，如“纯音乐”，如图8-34所示。

图 8-33　点击“音乐”按钮

图 8-34　选择“纯音乐”类型

步骤05 在“纯音乐”列表中选择合适的背景音乐进行试听，如图8-35所示。

步骤06 点击“使用”按钮，即可将其添加到音频轨道中，如图8-36所示。

图 8-35　选择合适的背景音乐

图 8-36　添加背景音乐

步骤07 ❶选择音频轨道；❷将时间线拖曳至视频轨道中视频结束的位置；❸点击“分割”按钮，如图8-37所示。

步骤08 执行操作后，点击“删除”按钮，如图8-38所示。

图 8-37　点击“分割”按钮

图 8-38　点击“删除”按钮

8.2.2　提取背景音乐

【效果展示】：在剪映App中运用“提取音乐”功能可以提取其他视频中的背景音乐，免去搜索音乐的操作，而且方法也很简单，画面效果如图8-39所示。

扫码看成品效果

扫码看教学视频

图 8-39　效果展示

下面介绍在剪映App中提取音乐的具体操作方法。

步骤01 在剪映App中导入一段视频素材，在一级工具栏中点击“音频”按钮，如图8-40所示。

步骤 02 进入二级工具栏，点击“提取音乐”按钮，如图8-41所示。

图 8-40　点击“音频”按钮

图 8-41　点击“提取音乐”按钮

步骤 03 进入“照片视频”界面，❶选择相应的视频素材；❷点击“仅导入视频的声音”按钮，如图8-42所示。

步骤 04 执行操作后，提取的音乐会自动生成在音频轨道中，如图8-43所示。

图 8-42　点击“仅导入视频的声音”按钮

图 8-43　生成音频轨道

8.2.3　淡入淡出效果

扫码看成品效果

扫码看教学视频

【效果展示】：剪映App的“淡化”功能包括“淡入”和“淡出”两个选项。“淡入”是指背景音乐开始响起的时候，声音会缓缓变大；“淡出”则是指背景音乐即将结束的时候，声音会渐渐消失。设置音频淡化效果后，可以让短视频的背景音乐显得不那么突兀，给观众带来更加舒适的视听感，效果如图8-44所示。

图 8-44　效果展示

下面介绍添加淡化效果的具体操作方法。

步骤 01 在剪映App中导入一段视频素材，❶选择视频轨道；❷点击“音频分离”按钮，如图8-45所示。

步骤 02 执行操作后，即可将音频从视频中分离出来，并生成对应的音频轨道，❶选择音频轨道；❷点击“淡化”按钮，如图8-46所示。

图 8-45　点击“音频分离”按钮

图 8-46　点击“淡化”按钮

步骤03 进入“淡化”界面，设置“淡入时长”为5s、“淡出时长”为5.9s，如图8-47所示。

步骤04 点击✓按钮完成处理，音频轨道上显示音频的前后音量都有所下降，如图8-48所示。

图 8-47　设置相应参数

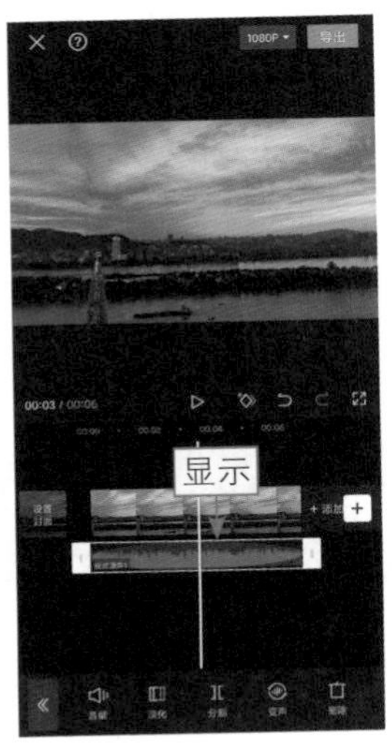

图 8-48　前后音量下降

8.2.4　添加视频音效

扫码看成品效果

扫码看教学视频

【效果展示】：剪映App中提供了很多有趣的音效，用户可以根据短视频的情境来增加音效，从而让视频画面更有感染力，效果如图8-49所示。

图 8-49　效果展示

下面介绍添加视频音效的具体操作方法。

步骤 01 在剪映 App 中导入一段视频素材，点击“音频”按钮，如图 8-50 所示。

步骤 02 执行操作后，点击“音效”按钮，如图8-51所示。

图 8-50　点击“音频”按钮

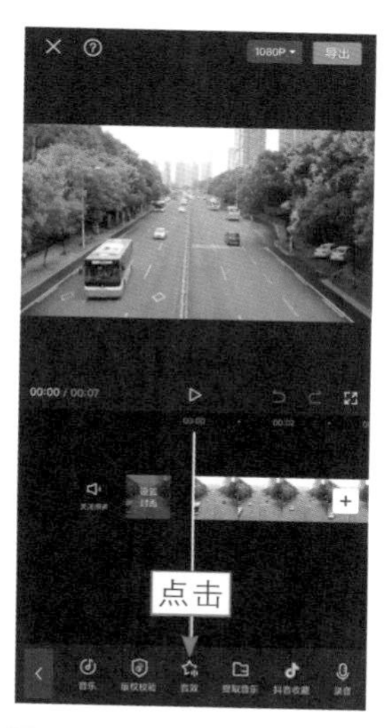

图 8-51　点击“音效”按钮

步骤 03 ❶切换至“交通”选项卡；❷选择“路过的汽车”选项，即可进行试听，如图8-52所示。

步骤 04 点击“使用”按钮，即可将其添加到音效轨道中，然后剪掉多余的音效，使音效轨道与视频轨道的时间长度保持一致，如图8-53所示。

图 8-52　选择相应的音效

图 8-53　剪辑音效

8.3 文字添加：轻松增强视频视觉效果

为视频添加合适的文字效果不仅可以丰富视频画面，而且还具有对视频进行一定的解释说明的作用。在剪映 App 中为视频添加文字效果的方式有很多，用户既可以输入文字，自定义文字效果；也可以套用文字模板；还可以识别字幕和识别歌词。本节就为大家介绍如何添加文字效果，帮助大家制作出好看的文字效果。

8.3.1 添加视频文字

扫码看成品效果

扫码看教学视频

【效果展示】：剪映App中提供了多种文字样式，并且可以根据短视频主题的需要添加合适的文字样式，效果如图8-54所示。

图 8-54 效果展示

步骤 01 在剪映App中导入一段视频素材，点击“文字”按钮，如图8-55所示。

步骤 02 点击“新建文本”按钮，输入相应的文字内容，如图8-56所示。

步骤 03 ❶切换至“花字”选项卡；❷选择相应的花字样式；❸适当调整文字的位置，如图8-57所示。

图 8-55 点击“文字”按钮

图 8-56 输入文字

步骤 04 执行操作后，点击✓按钮，适当调整文字轨道的持续时间，使其与视频轨道的时长相同，如图8-58所示。

图 8-57　选择相应的花字样式

图 8-58　调整文字轨道的持续时间

步骤 05 ❶切换至“动画”选项卡；❷在“入场动画”选项区中选择“右下擦开”动画效果；❸并适当调整动画效果的快慢节奏，如图8-59所示。

步骤 06 点击✓按钮返回，即可添加循环动画效果，如图8-60所示。

图 8-59　调整动画快慢节奏

图 8-60　添加循环动画效果

8.3.2 识别歌词字幕

扫码看成品效果　扫码看教学视频

【效果展示】：如果短视频中本身带有语音旁白或背景音乐，此时可以利用剪映App的“识别字幕”或“识别歌词”功能，帮助用户快速识别视频中的背景声音或歌词内容，并同步添加字幕效果，如图8-61所示。

图 8-61　效果展示

下面介绍识别歌词的具体操作方法。

步骤 01 在剪映App中导入一段视频素材，点击“文字”按钮，进入文字编辑界面后，点击“识别歌词”按钮，如图8-62所示。

步骤 02 弹出“识别歌词”对话框，点击“开始匹配”按钮，如图 8-63 所示。

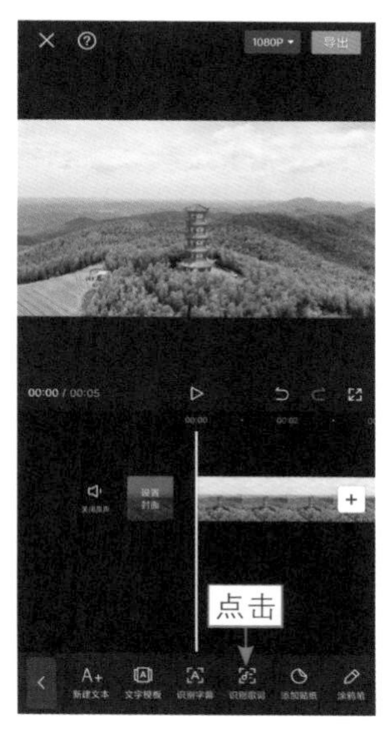

图 8-62　点击“识别歌词”按钮

图 8-63　点击“开始匹配”按钮

步骤 03 执行操作后，即可开始识别视频背景音乐中的歌词内容，并自动生成对应的歌词轨道，如图8-64所示，选择歌词轨道，切换至“动画”选项卡。

步骤 04 在“入场动画”选项区中，❶选择“逐字旋转”动画效果；❷并将动画时长调整为最长，如图8-65所示。如果歌词较多，可以使用同样的操作方法，为其他的歌词添加动画效果。

图 8-64　生成歌词轨道

图 8-65　设置歌词动画效果

第 9 章

调色特效：制作酷炫的短视频效果

如今，人们的眼光越来越高，也越来越喜欢追求更有创意的短视频作品。在短视频平台上，也有许多创意十足视频画面，不仅色彩丰富吸睛，而且画面炫酷神奇，非常受大众的喜爱。本章将介绍使用剪映App制作唯美视频的操作方法。

9.1　调色处理：打造完美视觉效果

在拍摄视频时，如果光线不好，在剪映中可以通过“调节”功能调整视频中的光线；如果画面的色彩饱和度不够，则可以通过添加滤镜，让视频画面更加美观。本节我们便来看一下调色处理的相关情况。

9.1.1　基本调色

扫码看成品效果

扫码看教学视频

【效果展示】：原视频画面曝光不足，而且色彩比较暗淡，通过调色之后，视频画面非常明亮，风景也变得更加迷人了，效果如图9-1所示。

图 9-1　效果展示

下面介绍使用剪映 App 把灰蒙蒙的天空调出蓝天白云效果的具体操作方法。

步骤 01 在剪映App中导入一段视频素材，❶选择视频素材；❷在剪辑二级工具栏中点击“调节”按钮，如图9-2所示。

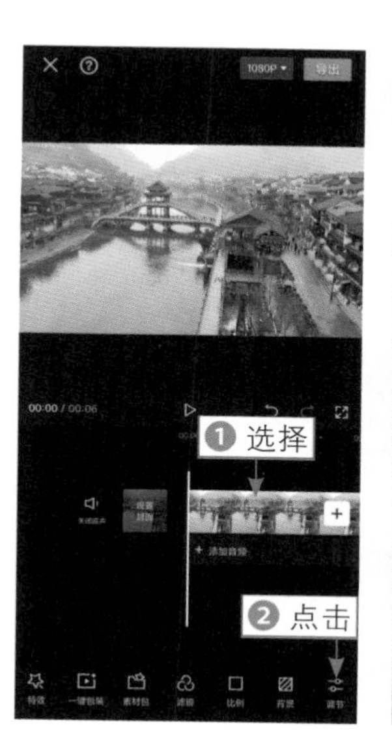

图 9-2　点击“调节”按钮

步骤 02 进入“调节”界面，❶选择“亮度”选项；❷拖曳滑块，调整参数值为 10，如图 9-3 所示，使画面更明亮。

图 9-3　调整“亮度”参数

步骤 03 ❶选择“对比度”选项；❷拖曳滑块，调整参数值为18，如图9-4所示，增加视频画面的层次感。

步骤04 ❶选择“饱和度”选项；❷拖曳滑块，调整参数值为39，如图9-5所示，增加视频画面的色彩浓度。

图 9-4 调整“对比度”参数

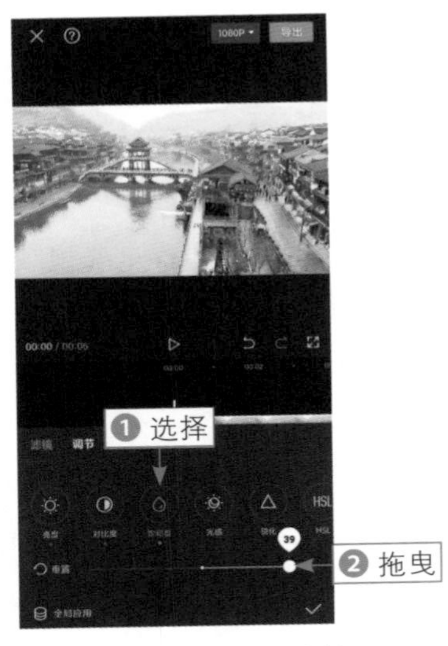

图 9-5 调整“饱和度”参数

步骤05 ❶选择“光感”选项；❷拖曳滑块，调整参数值为-8，如图9-6所示，适当降低视频画面的曝光。

步骤06 ❶选择“色温”选项；❷拖曳滑块，调整参数值为-20，如图9-7所示，增强视频画面的冷色调效果。

图 9-6 调整“光感”参数

图 9-7 调整“色温”参数

9.1.2　添加滤镜

扫码看成品效果

扫码看教学视频

【效果展示】：仲夏滤镜适合用在风景视频中，这种色调的滤镜给人一种小清新的感觉，效果如图9-8所示。

图 9-8　效果展示

下面介绍在剪映App中添加滤镜的具体操作方法。

步骤 01 在剪映App中导入一段视频素材，在一级工具栏中点击“滤镜”按钮，如图9-9所示。

步骤 02 进入“滤镜”选项卡，❶切换至“风景”选项区；❷选择“仲夏”滤镜，如图9-10所示。

图 9-9　点击“滤镜”按钮

图 9-10　选择“仲夏”滤镜

步骤03 ❶切换至“调节”选项卡；❷选择“亮度”选项；❸拖曳滑块，调整参数值为10，如图9-11所示，提高视频画面的亮度。

步骤04 ❶选择“对比度”选项；❷拖曳滑块，调整参数值为8，如图9-12所示，增加视频画面的层次感。

图 9-11 调整“亮度”参数

图 9-12 调整“对比度”参数

步骤05 ❶选择“饱和度”选项；❷拖曳滑块，调整参数值为8，如图9-13所示，提高视频画面的色彩浓度。

步骤06 ❶选择“光感”选项；❷拖曳滑块，调整参数值为-18，如图9-14所示，降低视频画面的曝光。

图 9-13 调整“饱和度”参数

图 9-14 调整“光感”参数

9.1.3　磨砂色调

扫码看成品效果

扫码看教学视频

【效果展示】：在剪映中通过添加“磨砂纹理”特效能让视频画面有磨砂质感，后期再通过调色等操作，就能让夜景画面具有油画一般的效果，效果如图9-15所示。

图 9-15　效果展示

下面介绍在剪映App中调出磨砂效果的具体操作方法。

步骤 01 在剪映App中导入一段视频素材，在一级工具栏中点击“特效”按钮，如图9-16所示。

步骤 02 进入特效二级工具栏，点击“画面特效”按钮，如图9-17所示。

图 9-16　点击“特效”按钮

图 9-17　点击“画面特效”按钮

步骤03 ❶ 切换至“纹理”选项卡；❷ 选择“磨砂纹理”特效，如图 9-18 所示。

步骤04 调整“磨砂纹理”特效的持续时长，使其与视频的时长一致，如图9-19所示。

图 9-18　选择“磨砂纹理”特效

图 9-19　调整特效时长

步骤05 ❶选择视频素材；❷在工具栏中点击“滤镜”按钮，如图9-20所示。

步骤06 进入“滤镜”选项卡，❶切换至“风景”选项区；❷选择“橘光”滤镜，如图9-21所示。

图 9-20　点击“滤镜”按钮

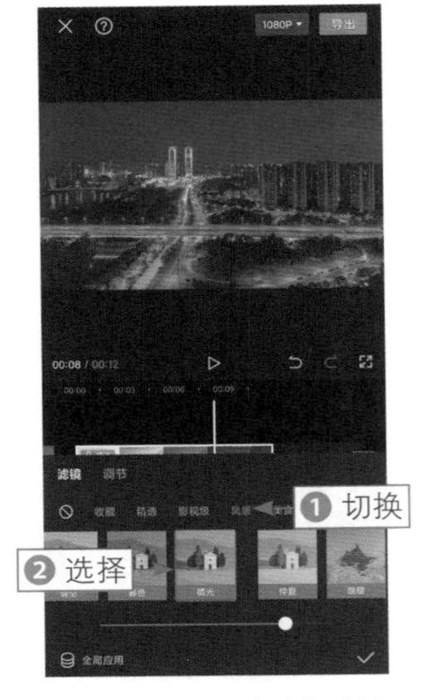

图 9-21　选择“橘光”滤镜

步骤07 ❶切换至“调节”选项卡；❷选择“色温”选项；❸拖曳滑块，调整参数值为8，如图9-22所示，让画面中的橙色部分更加明亮。

步骤08 ❶选择“色调”选项；❷拖曳滑块，调整参数值为16，如图9-23所示，让夕阳更加偏橙色。

图 9-22　调整“色温”参数

图 9-23　调整“色调”参数

9.2　视频特效：提高画面的观赏性

通过为视频添加特效，能让视频画面变得更加丰富精彩，从而吸引流量和关注。本节主要为大家介绍如何添加转场和动画（包括添加关键帧动画），让视频画面展现出不一样的美。

9.2.1　添加特效

扫码看成品效果

扫码看教学视频

【效果展示】：剪映App里“变秋天”特效能让夏天变成秋天，再添加“落叶”特效，就能让秋天的氛围更加浓烈，效果如图9-24所示。

下面介绍在剪映App中添加特效的具体操作方法。

步骤01 在剪映App中导入一段视频素材，在一级工具栏中点击“特效”按钮，如图9-25所示。

步骤02 在特效二级工具栏中点击“画面特效”按钮，如图9-26所示。

图 9-24　效果展示

图 9-25　点击“特效”按钮

图 9-26　点击“画面特效”按钮（1）

步骤03 执行操作后，❶切换至“基础”选项区；❷选择“变秋天”特效，如图9-27所示。

步骤04 调整“变秋天”特效的时长，使其与视频的时长一致，如图9-28所示。

图 9-27　选择“变秋天”特效

图 9-28　调整特效时长（1）

步骤 05 返回到上一级，在视频画面1s变成秋天的位置点击“画面特效”按钮，如图9-29所示。

步骤 06 ❶切换至“自然”选项卡；❷选择“落叶”特效，如图9-30所示。

步骤 07 调整“落叶”特效的时长，使其与视频的末尾位置对齐，如图 9-31 所示。

图 9-29　点击“画面特效”按钮（2）

图 9-30　选择“落叶”特效

图 9-31　调整特效时长（2）

9.2.2 添加转场

扫码看成品效果

扫码看教学视频

【效果展示】：在剪映App里有很多自带的转场，而且类型多样，最好根据素材的风格选择合适的转场，效果如图9-32所示。

图 9-32 效果展示

下面介绍在剪映App中添加转场的具体操作方法。

步骤 01 在剪映App中导入4段素材，点击第一段和第二段素材之间的转场按钮，如图9-33所示。

步骤 02 进入“转场”界面，❶切换至“叠化”选项卡；❷选择“水墨”转场；❸设置转场时长为1.0s，如图9-34所示。

图 9-33 点击“转场”按钮

图 9-34 设置转场时长（1）

步骤03 用同样的方法，❶ 在第二段和第三段素材之间添加“叠化”选项卡中选择“撕纸”转场；❷ 设置转场时长为 1.0s，如图 9-35 所示。

步骤04 用同样的方法，❶ 在第三段和第四段素材之间添加“画笔擦除”转场；❷ 设置转场时长为 1.0s，如图 9-36 所示。

步骤05 返回主界面，拖曳时间线到视频起始位置，依次点击“特效”按钮和“画面特效”按钮，如图9-37所示。

图 9-35 设置转场时长（2）

图 9-36 设置转场时长（3）

步骤06 在“基础”选项卡中选择“变清晰”特效，如图9-38所示。

步骤07 为视频添加合适的背景音乐，如图9-39所示。

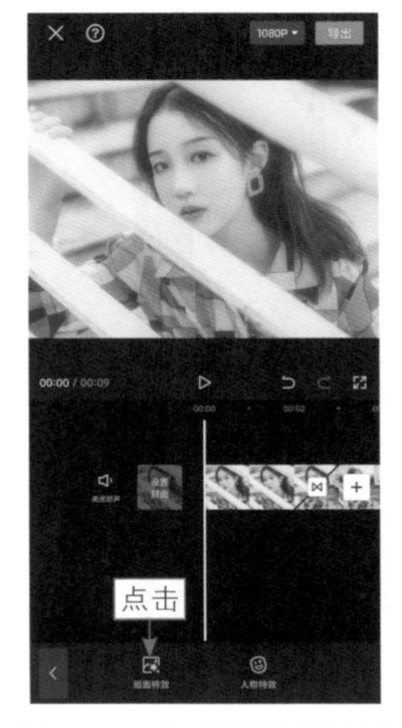

图 9-37 点击“画面特效”按钮

图 9-38 选择“变清晰”特效

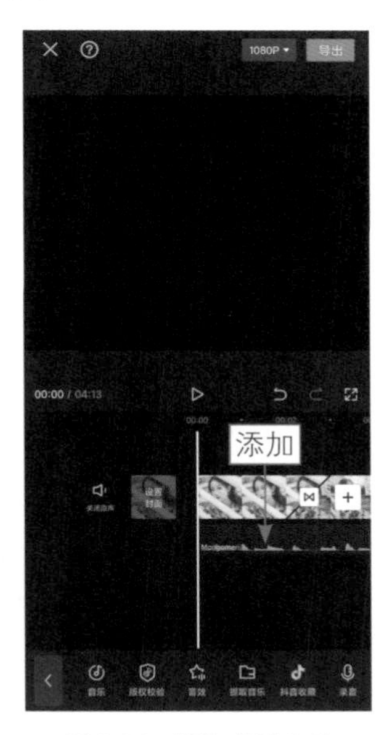

图 9-39 添加背景音乐

9.2.3 添加动画

扫码看成品效果

扫码看教学视频

【效果展示】：在剪映App中通过对素材添加动画特效，能制作抖动卡点的效果，后期再添加动感的特效，能让画面更加酷炫，效果如图9-40所示。

图 9-40 效果展示

下面介绍在剪映App中添加动画特效的具体操作方法。

步骤 01 在剪映 App 中导入 4 段素材，将每段的时长调整为 2.0s，如图 9-41 所示。

步骤 02 执行操作后，在一级工具栏中点击“比例”按钮，如图9-42所示。

图 9-41 调整素材时长

图 9-42 点击“比例”按钮

步骤 03 在比例选项区中选择9：16选项，如图9-43所示。

步骤 04 返回到上一级，在工具栏中依次点击“背景”按钮和“画布模糊”按钮，如图9-44所示。

图 9-43　选择 9 ： 16 选项

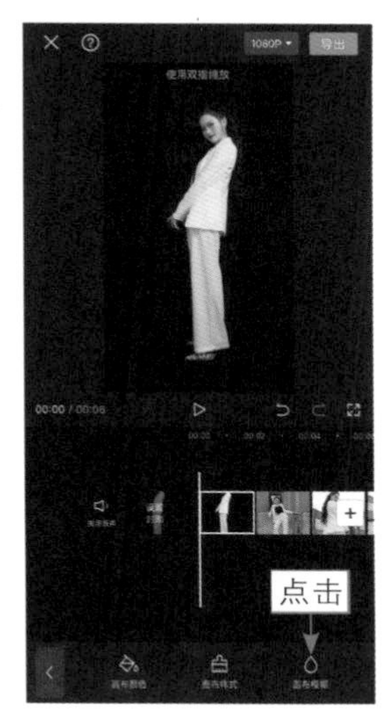

图 9-44　点击“画布模糊”按钮

步骤 05 ❶在“画布模糊”选项卡中选择第四个样式；❷点击“全局应用”按钮，如图9-45所示，设置统一的画面背景。

步骤 06 ❶选择第一段素材；❷在工具栏中点击“动画”按钮，如图9-46所示。

图 9-45　点击“全局应用”按钮

图 9-46　点击“动画”按钮

步骤 07 在动画工具栏中点击“入场动画”按钮，如图9-47所示。

步骤 08 进入“入场动画”界面，❶选择“左右抖动”动画；❷设置动画时长为2.0s，如图9-48所示。

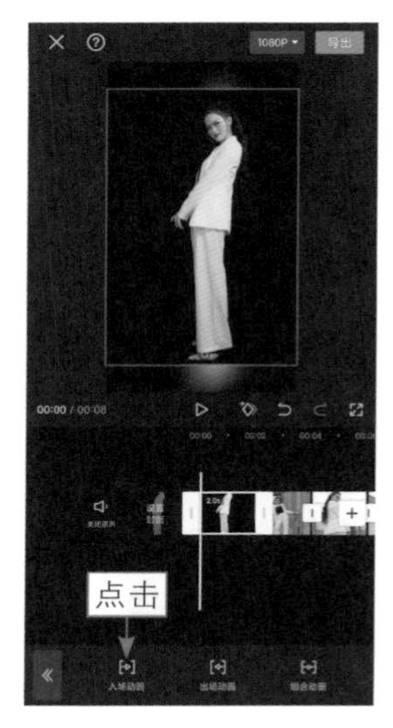

图 9-47　点击“入场动画”按钮

图 9-48　设置动画时长（1）

步骤 09 ❶选择第二段素材；❷在“入场动画”选项卡中选择“上下抖动”动画；❸设置动画时长为2.0s，如图9-49所示。

步骤 10 返回上一级，❶选择第三段素材；❷点击“组合动画”按钮，如图9-50所示。

图 9-49　设置动画时长（2）

图 9-50　点击“组合动画”按钮

步骤 11 在“组合动画”选项区中选择“放大弹动”动画，如图9-51所示。

步骤 12 返回上一级，❶选择第四段素材；❷在“入场动画”选项卡中选择“向左下甩入”入场动画；❸设置动画时长为1.5s，如图9-52所示。

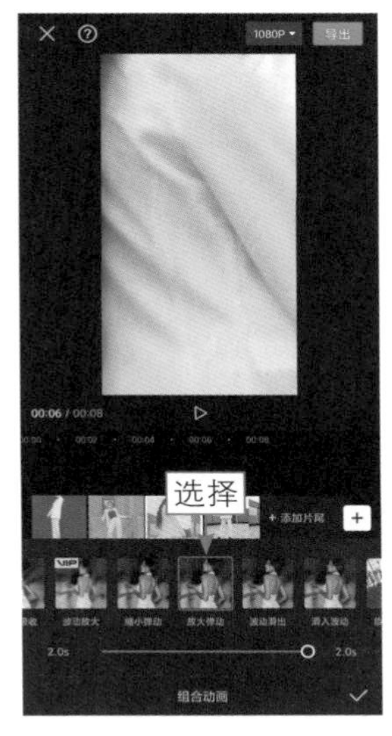

图 9-51　选择“放大弹动”动画

图 9-52　设置动画时长（3）

步骤 13 返回主界面，❶拖曳时间线到视频的起始位置；❷在工具栏中依次点击“特效”按钮和“画面特效”按钮，如图9-53所示。

步骤 14 ❶ 切换至“动感”选项卡；❷ 选择“霓虹摇摆”特效，如图 9-54 所示。

图 9-53　点击“画面特效”按钮

图 9-54　选择“霓虹摇摆”特效

步骤15 调整“霓虹摇摆”特效的时长，与第一段素材的时长对齐，如图9-55所示。

步骤16 用同样的方法，分别为剩下的素材添加“动感”选项卡中的“抖动”“卡机”“脉搏跳动”特效，如图9-56所示。

图9-55 调整特效时长

图9-56 添加相应的特效

步骤17 为视频添加合适的背景音乐，如图9-57所示。

步骤18 拖曳时间线到视频的起始位置，点击“设置封面”按钮，如图9-58所示。

步骤19 进入封面设置界面，❶向右拖曳“视频帧”选项卡中的时间线到合适的位置；❷点击“保存”按钮，如图9-59所示，即可完成封面的设置。

图9-57 添加背景音乐

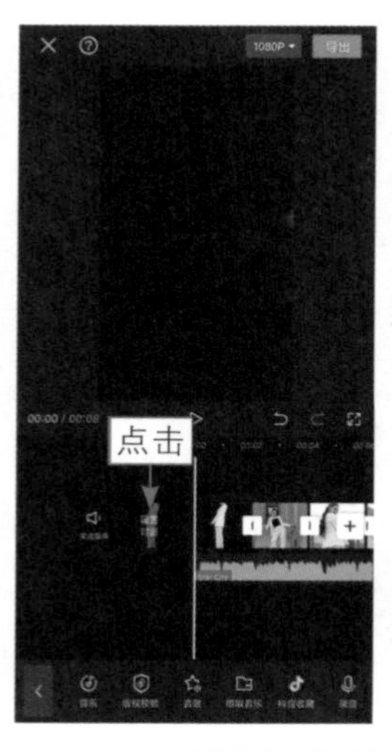

图9-58 点击“设置封面”按钮

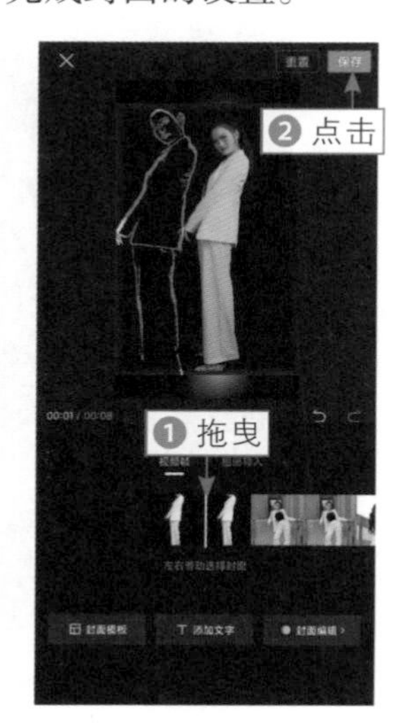

图9-59 点击“保存”按钮

9.2.4 关键帧动画

扫码看成品效果

扫码看教学视频

【效果展示】：在剪映App中运用“关键帧”功能就能通过一张长图制作出一段视频，而且画面比例也可以更改，效果如图9-60所示。

图9-60 效果展示

下面介绍在剪映App中把照片制作成视频的具体操作方法。

步骤01 在剪映App中导入一张长图素材，调整素材时长为11s，如图9-61所示。

步骤02 返回到上一级，在一级工具栏中点击“比例”按钮，如图9-62所示。

图9-61 调整素材时长

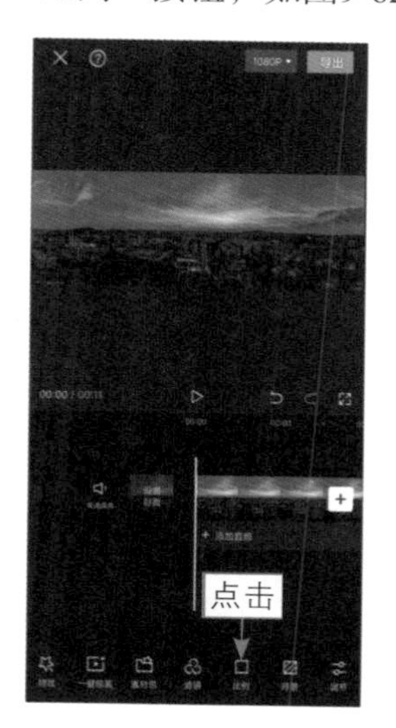

图9-62 点击“比例”按钮

步骤03 在比例选项区中选择9：16选项，如图9-63所示。

步骤04 ❶选择视频素材，在视频起始位置点击◇按钮，添加关键帧；❷在预览区域放大素材画面，并使素材最左边处于视频的起始位置，如图9-64所示。

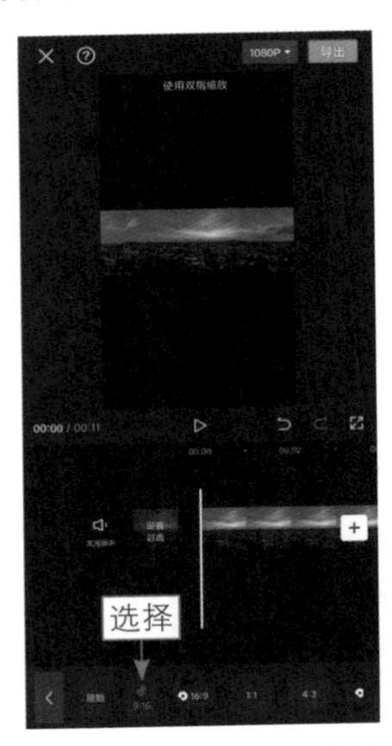

图 9-63　选择 9：16 选项

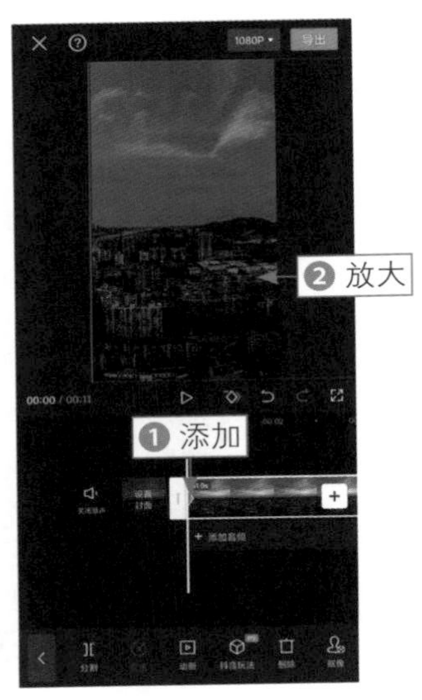

图 9-64　放大素材画面

步骤05 ❶拖曳时间线至视频结束的位置；❷调整画面位置，使素材最右边的位置处于视频结束的位置，如图9-65所示。

步骤06 最后为视频添加合适的背景音乐，如图9-66所示。

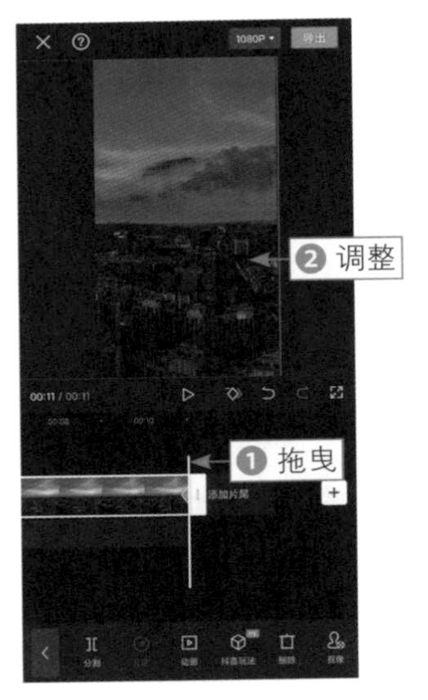

图 9-65　调整画面位置

图 9-66　添加背景音乐

包装运营篇

第 10 章

账号包装：
吸引更多精准用户

当运营者准备进入短视频平台，开始注册账号之前，一定要先对自己的账号进行定位，并对将要制作的内容进行定位，然后根据定位来策划和拍摄短视频，这样才能快速形成独特、鲜明的人设标签。

10.1 账号定位：吸引平台精准用户

账号定位是指运营者要确定自己做什么类型的短视频，然后通过短视频账号获得什么样的粉丝群体，同时这个账号能为粉丝提供哪些价值。运营者需要从多个方面去考虑短视频账号的定位，不能只单纯地考虑自己，或者只打广告和卖货，而忽略了给粉丝带来价值，这样很难运营好账号，难以得到粉丝的支持。

短视频账号定位的核心规则：一个账号只专注于一个垂直细分领域，只定位一类粉丝人群、只分享一种类型的内容。本节将介绍短视频账号定位的相关方法和技巧，帮助大家做好账号定位的运营。

10.1.1 厘清账号定位的关键问题

"定位"（Positioning）理论创始人杰克·特劳特（Jack Trout）曾说过："所谓定位，就是令你的企业和产品与众不同，形成核心竞争力；对受众而言，即鲜明地建立品牌。"

其实，简单来说，定位包括以下3个关键问题。

- 你是谁？
- 你要做什么事情？
- 你和别人有什么区别？

对于短视频的账号定位，需要在此基础上对问题进行一些扩展，具体如图10-1所示。

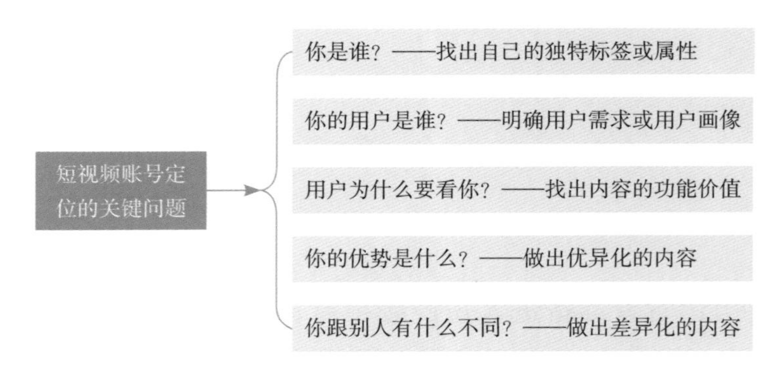

图 10-1　短视频账号定位的关键问题

以抖音为例，该平台上不仅有数亿用户，而且每天更新的视频数量也在百万以上，那么，如何让自己发布的内容被大家看到和喜欢呢？关键在于做好账号定位。账号定位直接决定了账号的涨粉速度和变现难度，同时也决定了账号的内容布局和引流效果。

10.1.2　账号定位不得不做的理由

运营者在准备注册短视频账号时，必须将账号定位放到第一位，只有把账号定位做好了，之后短视频运营的道路才会走得更加顺畅。如图10-2所示为将账号定位放到第一位的5个理由。

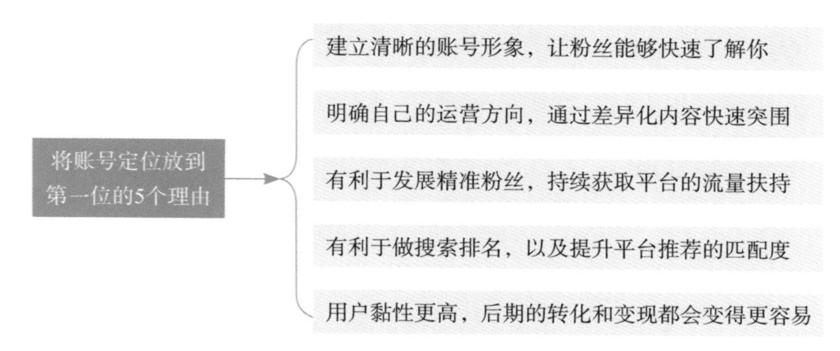

图 10-2　将账号定位放到第一位的 5 个理由

10.1.3　给账号打上更精准的标签

标签指的是短视频平台给运营者的账号进行分类的指标依据，平台会根据运营者发布的内容，来给其账号打上对应的标签，然后将运营者的内容推荐给对这类作品感兴趣的人群。在这种个性化的流量机制下，不仅提升了运营者的创作积极性，而且也增强了观众的观看体验。

例如，某个平台上有100个人，其中有50个人都对旅行感兴趣，还有50个人不喜欢旅行类的内容。此时，如果你刚好做的是旅行类内容的账号，但却没有做好账号定位，平台没有给你的账号打上“旅行”这个标签，此时系统会将你的内容随机地推荐给平台上的所有人。在这种情况下，你的内容被观众点赞和关注的概率就只有50%，而且由于点赞率过低，会被系统认为内容不够优质，而不再给你推荐流量。

相反，如果你的账号被平台打上了“旅行”的标签，此时系统不再随机推荐流量，而是精准地推荐给喜欢看旅行类内容的那50个人。这样，你的内容获得的点赞和关注数据就会非常高，从而获得系统给予更多的推荐流量，让更多人的看到你的作品，并喜欢上你的内容，以及关注你的账号。

只有做好短视频的账号定位，运营者才能在粉丝心中形成某种特定的印象。

因此，对短视频的运营者来说，账号定位非常重要。下面笔者总结了一些账号定位的相关技巧，如图10-3所示。

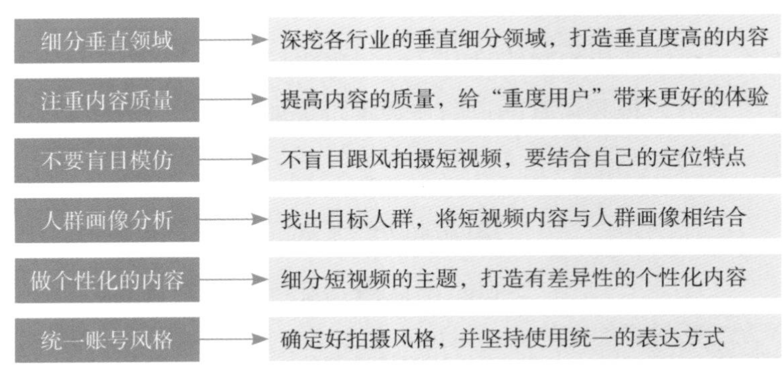

图 10-3　账号定位的相关技巧

★ 专 家 提 醒 ★

以抖音平台为例，根据某些专业人士分析得出的一个结论，即某条短视频作品连续获得系统的 8 次推荐后，该作品就会获得一个新的标签，从而得到更加长久的流量扶持。

10.1.4　了解账号定位的基本流程

很多人做短视频其实都是一股子热情，看着大家都做也跟着去做，根本没有考虑过自己做这个平台的目的，到底是为了涨粉还是变现。以涨粉为例，蹭热点是非常快的涨粉方式，但这样的账号变现能力就会降低。

因此，运营者需要先想清楚自己做短视频的目的是什么，如引流涨粉、推广品牌、打造IP、带货变现等。当运营者明确了做短视频的目的后，即可开始做账号定位，基本流程如下。

（1）分析行业数据：在进入某个行业之前，先找出这个行业中的头部账号，看看他们是如何将账号做好的。大家可以通过专业的行业数据分析工具，如蝉妈妈、新抖、飞瓜数据等，找出行业的最新玩法、热点内容、热门商品和创作方向。如图10-4所示为蝉妈妈爆品视频探测器。该工具能够帮助运营者了解爆款视频，从而发现有价值的内容和商品。

（2）分析自身属性：对平台上的头部账号来说，其点赞量和粉丝量都非常大，他们通常拥有良好的形象、才艺和技能，普通人很难模仿，因此运营者需要从自己已有的条件和能力出发，找出自己擅长的领域，保证内容的质量和更新频率。

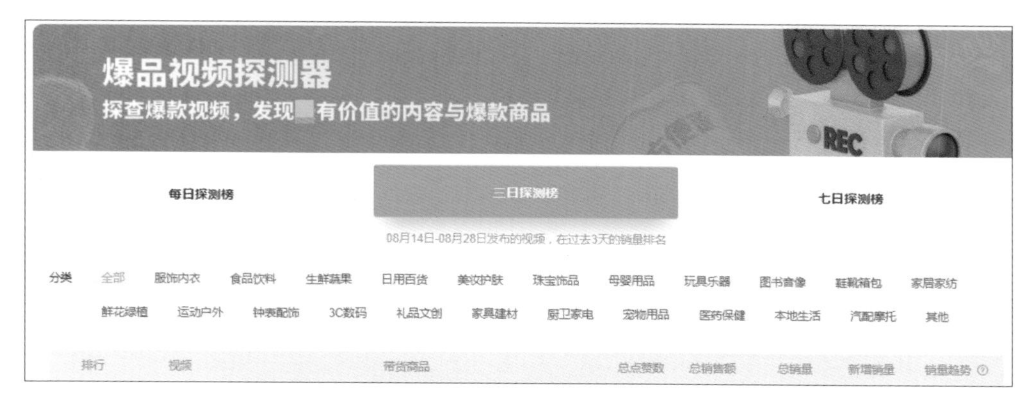

图 10-4　蝉妈妈爆品视频探测器

（3）分析同类账号：深入分析同类账号的短视频题材、脚本、标题、运镜、景别、构图、评论、拍摄和剪辑方法等方面，学习他们的优点，并找出不足之处或能够进行差异化创作的地方，以此来超越同类账号。

10.1.5　短视频账号定位的基本方法

短视频的账号定位就是为账号运营确定一个方向，为内容创作指明方向。那么，运营者到底该如何进行账号定位呢？笔者认为大家可以从以下3个方面出发做账号定位，如根据自身的专长做定位、根据观众的需求做定位和根据内容稀缺度做定位，如图10-5所示。

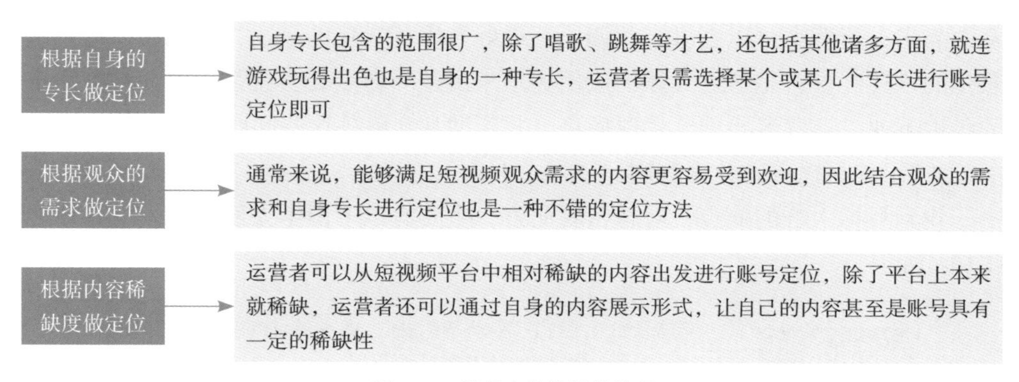

图 10-5　账号定位的相关技巧

10.2　内容定位：持续输出优质内容

做短视频运营，本质上还是做内容运营，那些能够快速涨粉和变现的运营者，都是靠优质的内容来实现的。

通过内容吸引的粉丝，都是对运营者分享的内容感兴趣的人群，这种人群更加精准、更加靠谱。因此，内容是运营短视频的核心所在，同时也是账号获得平台流量的核心因素。如果平台不推荐，那么你的账号和内容流量就会寥寥无几。

对于短视频运营，内容就是王道，而内容定位的关键就是用什么样的内容来吸引什么样的群体。本节将介绍短视频的内容定位技巧，帮助运营者找到一种特定的内容形式，实现快速引流和变现。

10.2.1 用内容去吸引精准人群

在短视频平台上，运营者不能简单地去模仿和跟拍热门视频，而是必须找到能够带来精准人群的内容，从而帮助自己获得更多的粉丝，这就是内容定位的要点。内容不仅可以直接决定账号的定位，而且还决定了账号的目标人群和变现能力。因此，做内容定位时，不仅要考虑引流涨粉的问题，同时还要考虑持续变现的问题。

运营者在做内容定位的过程中，要清楚一个非常重要的要素——这个精准人群有哪些痛点、需求和问题？

（1）什么是痛点

痛点是指短视频观众的核心需求，是运营者必须为他们解决的问题。对于观众的需求，运营者可以去做一些调研，最好采用场景化的描述方法。怎么理解场景化的描述呢？就是通过具体的应用场景来讲述。痛点其实就是人们日常生活中的各种不便，运营者要善于发现痛点，并帮助观众解决这些问题。

（2）挖掘痛点有什么作用

找到目标人群的痛点，对运营者而言，主要有以下两个方面的好处，具体如图10-6所示。

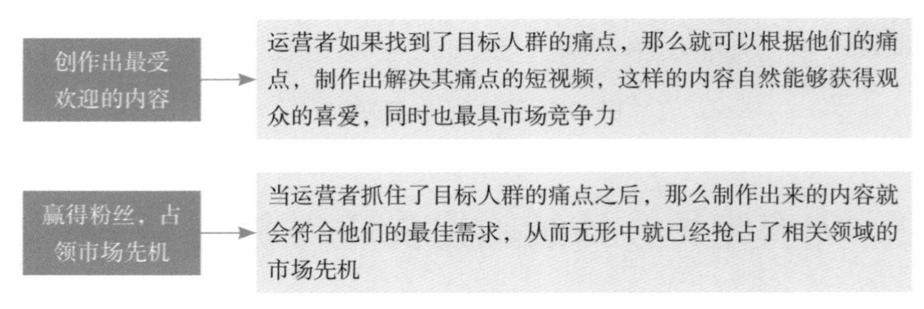

图 10-6　找到目标人群痛点的好处

对短视频运营者来说，如果想要打造爆款内容，那么就需要清楚自己的粉丝群体最想看的内容是什么，也就是抓住目标人群的痛点，然后就可以根据他们的痛点来生产内容了。

10.2.2　找到短视频观众的关注点

对短视频的观众来说，越缺什么，就越会关注什么，而运营者只需找到他们关注的点去制作内容，就越容易受大家欢迎。只要运营者敢于在内容上下功夫，根本不愁没有粉丝和流量。但是，如果运营者一味地在打广告上下功夫，则可能被观众讨厌。

在一条短视频中，往往戳中粉丝内心的点时就只有几秒钟，也许这就是所谓的“一见钟情”。运营者要记住一点，那就是在短视频平台上涨粉只是一种动力，能够让自己更有信心地在这个平台上做下去，而真正能够给自己带来动力的是吸引到精准粉丝，让他们持续关注自己的内容。

不管运营者处于什么行业，美妆行业也好，服装行业也罢，只要能够站在观众的角度去思考，去进行内容定位，将自己的行业经验分享给大家，那么这种内容的价值就非常大了。

10.2.3　根据自己的特点输出内容

在短视频平台上输出内容，是一件非常简单的事情，但是要想输出有价值的内容，获得观众的认可，这就有难度了，特别是如今各种短视频内容创作者多如牛毛，越来越多的人参与其中。那么，到底如何才能找到适合的内容去输出呢？怎样提升内容的价值呢？下面我们便来介绍具体的方法。

（1）选择合适的内容输出形式

当运营者在行业中积累了一定的经验，有了足够优质的内容之后，就可以输出这些内容了。

如果你擅长写，可以写文案；如果你的声音不错，可以输出音频内容；如果你镜头感比较好，则可以去拍一些真人出镜的短视频。通过选择合适的内容输出形式，即可在比较短的时间内成为这个领域的佼佼者。

（2）持续输出有价值的内容

在互联网时代，内容的输出方式非常多，如图文、音频、短视频、直播及中长视频等，这些都可以去尝试。对于持续输出有价值的内容，笔者有一些个人建议，具体如下。

- 做好内容定位，专注于做垂直细分领域的内容。
- 始终坚持每天创作高质量的内容，并保证持续产出。
- 发布比创作更重要，要及时将内容发布到平台上。

如果运营者只创作内容，而不输出内容，那么这些内容就不会被人看到，也没有办法通过内容来影响别人。

总之，运营者要根据自己的特点去生产和输出内容，最重要的一点就是要持续不断地去输出内容。因为只有持续输出内容，才有可能建立自己的行业地位，成为所在领域的信息专家。

10.2.4 短视频的内容定位标准

对短视频的内容定位而言，内容最终是为观众而服务的，要想让观众关注你，或者给你的内容点赞和转发，那么这个内容就必须能够满足他们的需求。要做到这一点，运营者的内容定位还需要符合一定的标准，如图10-7所示。

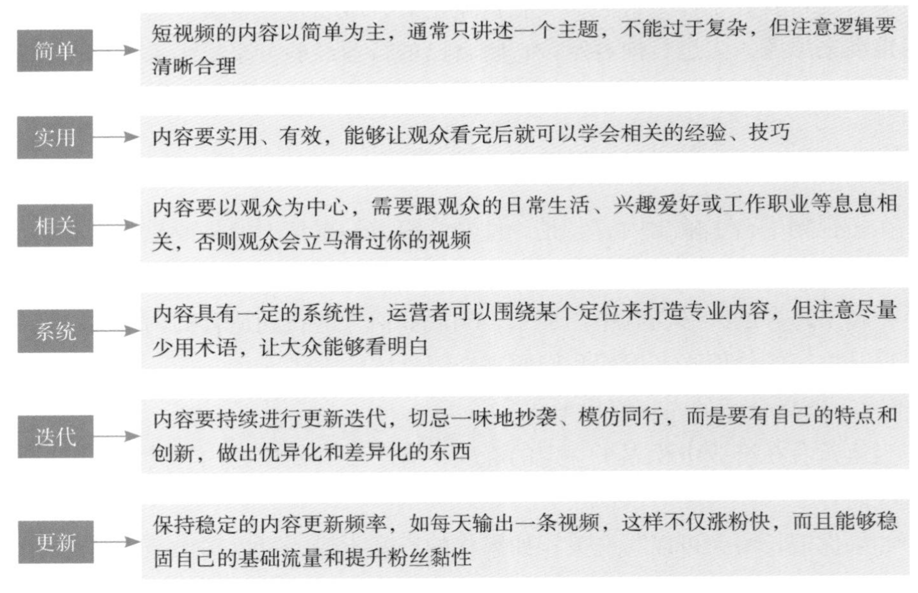

图 10-7 内容定位的 6 个标准

10.2.5 短视频的内容定位规则

短视频平台上的大部分爆款内容，都是经过运营者精心策划的，因此内容定位也是成就爆款内容的重要条件。运营者需要让内容始终围绕定位来进行策划，保证内容的方向不会产生偏差。

在进行内容定位规划时，运营者需要注意以下几个规则。

（1）选题有创意。内容的选题尽量独特有创意，同时要建立自己的选题库和标准的工作流程，不仅能够提高创作的效率，而且还可以刺激观众持续观看的欲望。例如，运营者可以多收集一些热点加入选题库中，然后结合这些热点来创作内容。

（2）剧情有落差。短视频通常需要在短短15秒内将大量的信息清晰地叙述出来，因此内容通常都比较紧凑。尽管如此，运营者还是要脑洞大开，在剧情上安排一些高低落差，来吸引观众的眼球。

（3）内容有价值。不管是哪种内容，都要尽量给观众带来价值，让观众认为值得为你付出时间成本，来看完你的内容。例如，做搞笑类的短视频，那么就需要能够给观众带来快乐；做美食类的短视频，就需要让观众产生食欲，或者让他们有实践的想法。

（4）情感有对比。内容可以源于生活，通过采用一些简单的拍摄手法，来展现生活中的真情实感，同时加入一些情感的对比。这种内容更容易打动观众，主动带动观众的情绪和气氛。

★ 专 家 提 醒 ★

在设计短视频的台词时，要使其具备一定的共鸣性，能够触动观众的情感共鸣点，让他们愿意信任你。

（5）时间有把控。运营者需要合理地安排短视频的时间节奏，以抖音默认的拍摄15秒短视频为例，这是因为这个时间段的短视频是最受观众喜欢的，短于7秒的短视频不会得到系统推荐，长于30秒的视频观众很难坚持看完。

10.3　账号设置：让你从同类中脱颖而出

各种短视频平台上的运营者何其多，如何才能让你的账号从众多同类账号中脱颖而出，快速被大家记住呢？其中一种方法就是通过账号信息的设置，做好平台的基础搭建工作，同时为自己的账号打上独特的个人标签。本节我们便来看一下设置账户信息的相关情况。

10.3.1 账号名字的设置技巧

运营者的账号名字需要有特点，而且最好和账号定位相关，基本原则如下。

（1）好记忆：名字不能太长，太长的话观众不容易记忆，通常为3～5个字，取一个具有辨识度的名字可以让观众更好地记住你。

（2）好理解：账号名字可以跟自己的创作领域相关，或者能够体现身份价值，同时注意避免生僻字，通俗易懂的名字更容易被大家接受。如图10-8所示是账号名为×××简笔画的抖音账号界面。从这个账号名字便可以知道该运营者所发布的内容都与简笔画有关。

图 10-8 账号名为 ××× 简笔画的抖音账号界面

（3）好传播：运营者的账号名字还得有一定的意义，并且易于传播，能够给人带来深刻的印象，有助于提高账号的曝光度。

值得注意的是，账号名字也可以体现出运营者的人设，即看见名字就能联系到他的人设。人设是指人物设定，包括姓名、年龄、身高等基本设定，以及企业、职位和成就等背景设定。

10.3.2 账号头像的设置技巧

运营者的账号头像也需要有特点，必须展现自己最美的一面，或者展现企业的良好形象。注意，领域不同，头像的侧重点也就不同。同时，好的账号头像辨识度更高，能让观众更容易记住。

如图10-9所示为抖音号“手机摄影构图大全”的头像，可以看到头像使用的是由意大利著名画家列奥纳多·达·芬奇创作的油画杰作《蒙娜丽莎》，同时加入了黄金构图线，进一步点明了该账号的定位。

图 10-9　抖音号“手机摄影构图大全”的头像

运营者在设置账号头像时，还需要掌握一些基本技巧，具体如下。

（1）账号头像的画面一定要清晰。

（2）个人账号可以使用自己的肖像作为头像，能够让大家快速记住你的容貌。

（3）企业账号可以使用主营产品作为头像，或者用企业名称、LOGO 等作为头像。如图 10-10 所示为小米官方旗舰店的抖音账户，其便是用企业 LOGO 做头像的。

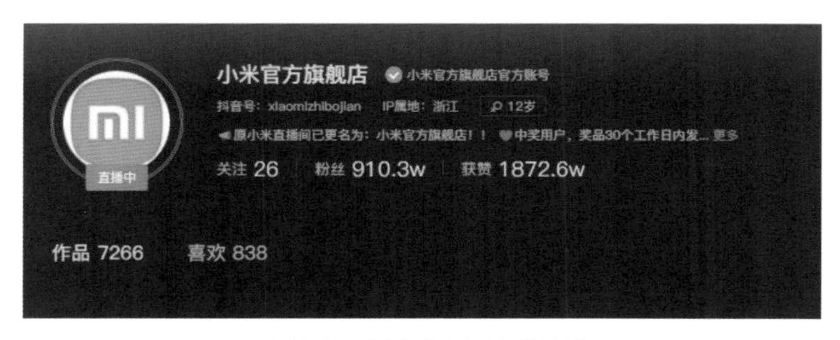

图 10-10　用企业 LOGO 做头像

10.3.3　账号简介的设置技巧

对短视频账号来说，简介通常以简单明了为主，主要原则是“描述账号+引导关注”，基本设置技巧如下。

• 前半句描述账号的特点或功能，后半句引导关注。

• 明确告诉观众自己的内容领域或范畴，如图10-11所示。

• 运营者可以在简介中巧妙地推荐其他账号，如图10-12所示。

图 10-11　展示内容领域的简介示例

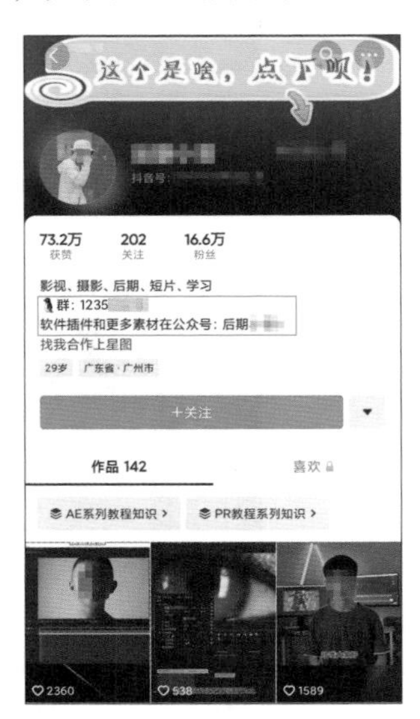

图 10-12　推荐其他账号的简介示例

★ 专家提醒 ★

注意，账号简介的内容要简要，告诉观众你的账号是做什么的，只需提取一两个重点内容放在里面即可，同时注意不要有生僻字。

第11章

引流运营：扩大视频账号影响力

对运营者来说，流量是短视频运营的核心竞争力，因此引流成了短视频运营的关键环节。运营者需要通过明晰算法、社交转化等方式来获取更多流量，从而让自己的短视频内容被更多的人看到和关注。

11.1 算法机制：提高短视频流量的机制

要想成为短视频平台上的“头部大V”，运营者首先要想办法让自己的账号或内容获得更多的流量，让作品火爆起来，这是成为达人的一条捷径。如果运营者没有那种一夜爆火的好运气，则需要脚踏实地地做好自己的视频内容。

当然，这其中也有很多运营技巧，能够帮助运营者提高短视频的流量和账号的关注度，而平台的算法机制就是不容忽视的重要元素。目前，大部分短视频采用的平台都是去中心化的流量分配逻辑。本节将以抖音平台为例，介绍短视频的推荐算法机制，帮助运营者明晰算法，并“顺势而为”。

11.1.1 认识算法机制

简而言之，算法机制相当于是一套评判规则，这个规则作用于平台上的所有用户。用户在平台上的所有行为都会被系统记录，同时系统会根据这些行为来判断用户的性质，将用户分为优质用户、流失用户和潜在用户等类型。

例如，某位运营者在平台上发布了一条短视频，此时算法机制会考量这条短视频的各项数据指标，来判断短视频内容的优劣。如果算法机制判断该短视频内容是优质的，则会继续在平台上对其进行推荐，否则将不会提供流量扶持。

如果运营者想知道抖音平台上当下的流行趋势是什么，以及平台最喜欢推荐哪种类型的视频，运营者可以注册一个新的抖音账号，然后记录前30条看到的视频内容，每条视频都完整地看完，这样算法机制是无法判断运营者的喜好的，因此会给运营者推荐当前平台上最受欢迎的短视频内容，由此运营者便可以从中得出热门内容。

由此可知，运营者可以根据平台的算法机制来调整自己的内容细节，让自己的内容能够最大化地迎合平台的算法机制，从而获得更多流量。

11.1.2 抖音的算法机制

抖音官方平台通过智能化的算法机制来分析运营者发布的内容和用户的行为，如点赞、停留、评论、转发和关注等，进而了解每个人的兴趣，并给内容和账号打上对应的标签，以此为用户推荐其可能感兴趣的内容。

在这种算法机制下，好的短视频内容能够获得用户的关注，也就是获得精准的流量；而用户则可以看到自己想要看的内容，从而持续在这个平台上停留；同时，平台则获得了更多的高频用户，可以说是“一举三得”。

运营者发布到抖音平台上的短视频内容需要经过层层审核，才能被大众看到，其背后的主要算法逻辑分为3个部分，如图11-1所示。

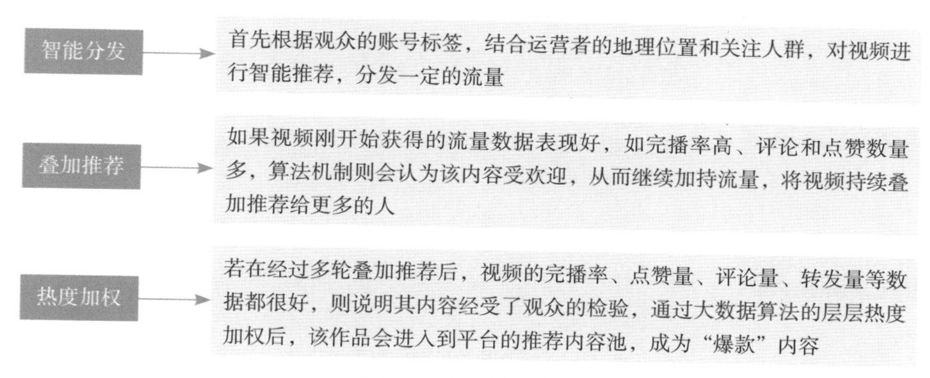

图 11-1　抖音的算法逻辑

11.1.3　抖音算法的实质

抖音短视频的算法机制实质上是一种流量赛马机制，也可以看成是一个漏斗模型，如图11-2所示。

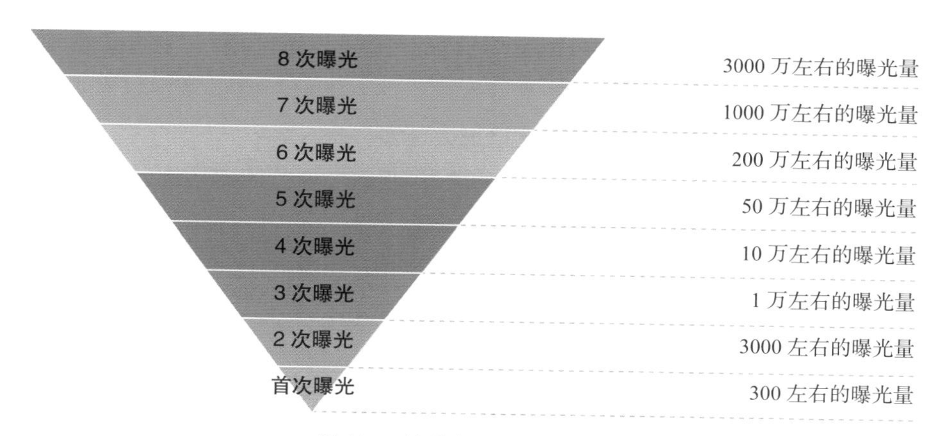

图 11-2　流量赛马（漏斗）机制

运营者发布内容后，抖音平台会将同一时间发布的所有视频放到一个池子里，给予一定的基础推荐流量，然后根据这些流量的反馈情况进行数据筛选，选出数据较高的内容，再将其放到下一个流量池中，而数据差的内容将不再被系统推荐。

也就是说，在抖音平台上，内容的竞争与赛马一样，通过算法统计出数据较差的内容，并将其淘汰。如图11-3所示为流量赛马机制的相关流程。

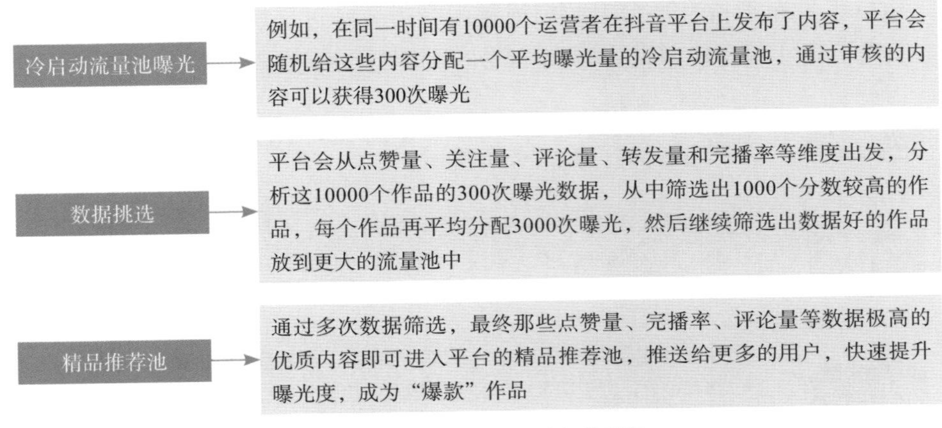

图 11-3　流量赛马机制的相关流程

11.1.4　明晰流量池的作用

在抖音平台上，运营者不管有多少粉丝，发布的内容质量优质与否，作品都会进入到流量池中。当然，运营者的作品是否能够进入下一个流量池，关键在于内容在上一个流量池中的表现。

总的来说，抖音的流量池可以分为低级、中级和高级3类，平台会依据运营者的账号权重和内容的受欢迎程度来分配流量池。也就是说，账号权重越高，发布的内容越受用户欢迎，得到的曝光量也会越多。

因此，运营者一定要把握住冷启动流量池，让自己的内容在这个流量池中获得较好的表现。通常情况下，平台评判内容在流量池中的表现，主要参照点赞量、关注量、评论量、转发量和完播率这几个指标，如图11-4所示。

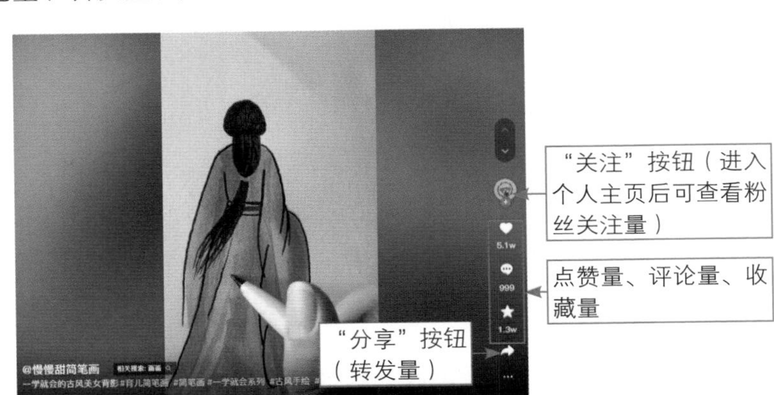

图 11-4　抖音平台上的短视频指标数据

运营者发布短视频后，可以通过自己的私域流量或者付费流量来提高短视频的点赞量、关注量、评论量、转发量和完播率等指标的数据。

也就是说，运营者的账号是否能够做起来，这几个指标是关键因素。如果某个运营者连续7天发布的短视频都没有人关注和点赞，甚至很多人看到封面后就直接滑走了，那么算法系统就会判定该账号为低级号，给予的流量就会非常少。

如果某个运营者连续7天发布的短视频播放量都维持在200～300，则算法机制会判定该账号为最低权重号，同时将其发布的内容分配到低级流量池中。若该账号发布的内容持续30天播放量仍然没有突破，则同样会被系统判定为低级号。

反之，如果某个运营者连续7天发布的短视频播放量都超过1000，则算法系统会判定该账号为中级号或高级号，这样的账号发布的内容很容易成为“热门”视频。

总之，运营者明晰了抖音的算法机制后，即可轻松引导平台给账号匹配优质的用户标签，让账号权重更高，从而为视频带来更多的流量。

★ 专 家 提 醒 ★

另外，停留时长也是评判内容是否有上热门潜质的关键指标，用户在某条短视频播放界面的停留时间越长，抖音的算法机制则会自动认为用户对这条短视频有浓厚的兴趣，进而为其推荐更多类似的短视频。

11.1.5　借力叠加推荐机制

在抖音平台为短视频提供了第一波流量之后，算法机制会根据这波流量的反馈数据来判断内容的优劣。如果某条短视频的内容被判定为优质的内容，则会给内容叠加分发多波流量；反之，便不会再继续分发流量了。

因此，抖音的算法采用的是一种叠加推荐机制。一般情况下，运营者发布作品后的前一个小时内，如果短视频的播放量超过5000次、点赞超过100个、评论超过10个，则算法机制会马上给予下一波推荐。如图11-5所示为叠加推荐机制的基本流程。

对算法机制的流量反馈情况来说，各个指标的权重也是不一样的，具体为：播放量（完播率）>点赞量>评论量>转发量。运营者的个人能力是有限的，因此当发布的短视频进入更大的流量池后，这些流量反馈指标就很难进行人工干预了。

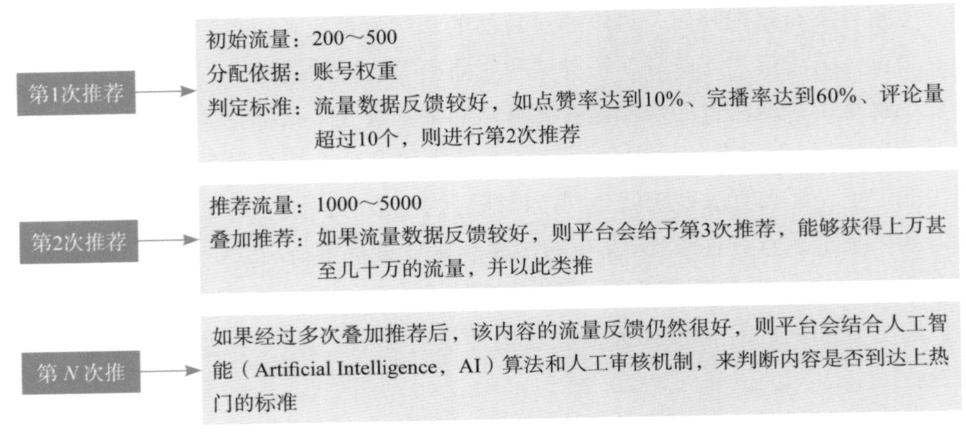

图 11-5　叠加推荐机制的基本流程

★ 专 家 提 醒 ★

许多人可能会遇到这种情况，就是自己拍摄的原创内容没有火，但是别人翻拍的作品却火了，这其中很大的一个原因就是受到账号权重大小的影响。

关于账号权重，简单来讲，就是账号的优质程度，也就是运营者的账号在平台心目中的位置。权重会影响内容的曝光量，低权重的账号发布的内容很难被用户看见，而高权重的账号发布的内容则会更加容易被平台推荐。

运营者还需要注意的是，千万不要为走捷径而去刷流量反馈数据，平台对这种违规操作是明令禁止的，并会根据情况的严重程度，相应的给予审核不通过、删除违规内容、内容不推荐、后台警示、限制上传视频、永久封禁、报警等处理结果。

11.2　基础引流：掌握基础的引流技巧

短视频引流方法很重要，只要方法找对了，涨粉效率就可以成倍提升。本节笔者就为大家介绍短视频基础引流的方法。

11.2.1　引出痛点话题

短视频运营者可以在短视频中通过一定的语言技巧引出痛点话题，一方面可以引导用户针对该问题进行讨论，另一方面如果短视频中解决了痛点，那么短视频内容对于有相同痛点的用户就是有用处的。而对于对自己有用处的短视频，用户也更愿意点赞和转发。这样一来，短视频的引流能力就会快速获得提升。

11.2.2　引出家常话题

家常就是家庭的日常生活，每个人都有自己的生活，同时大多数人的日常生活又有着相似之处。当短视频运营者将自己的家常展示给用户时，许多用户就会通过短视频评论区一起和你聊家常。

另外，如果短视频运营者在短视频中展示的家常与用户的家常有着相似之处，用户就会觉得感同身受，甚至会因此而与短视频运营者成为好友。

家常包含的范围很广，除了柴、米、油、盐、酱、醋、茶这些生活中的必需品，孩子的教育话题也属于家常的一部分。而且因为孩子的教育对一个家庭来说非常关键，所以与这个话题相关的内容往往能快速吸引用户的关注。

也正是因为如此，部分短视频运营者便将孩子教育拍摄成了短视频。如图11-6所示为父母指导孩子写作业的短视频。

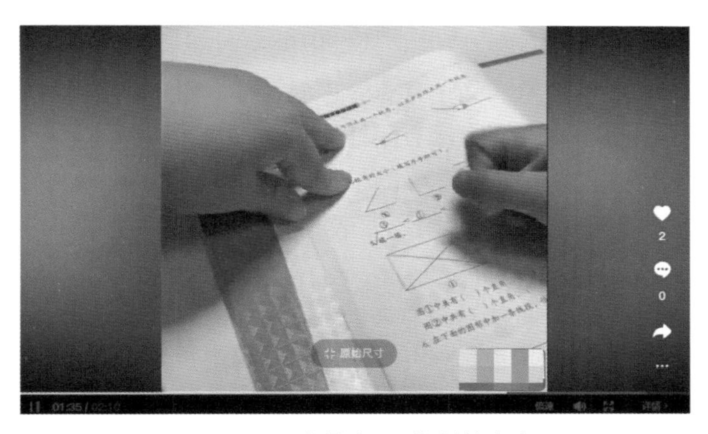

图 11-6　父母指导孩子写作业的短视频

在这条短视频中，盘点了父母因为辅导孩子而生气的场景，引起许多家长的共鸣。此外，短视频中语言的引导，再加上短视频内容的展示，所以许多需要指导孩子写作业的用户看完短视频后都深有感触，似乎只要指导孩子写作业，就能把人气得跳起脚来。

因此，用户会觉得短视频中的父母是同道中人，他们在看到短视频之后，会与短视频运营者交流指导孩子学习的感受。而随着交流的深入，短视频运营者与用户在不经意间就成了好友。

11.2.3　主动私信用户

私信是许多短视频平台中用于沟通的一种重要工具，当我们需要与他人进行一对一沟通时，便可以借助私信功能来实现。对短视频运营者来说，私信则是表达自身态度的一种沟通方式。当短视频运营者通过一定的语言主动私信用户时，便可以将自身的热情展示给被私信的用户。

在给用户发私信时，短视频运营者可以表达对用户的欢迎，也可以通过一定的语言技巧，引导用户关注短视频账号，甚至可以引导用户添加你的联系方式，或者直接引导他们前往淘宝店铺。

如果短视频运营者能够主动发送私信，或者及时回答私信中提出的问题，那么用户就会感受到你的热情。而且如果你在私信内容中进行了适当的引导，用户还会主动关注对应的账号，或者添加对应的联系方式。在这种情况下，短视频运营者引流涨粉的目的自然就轻松达到了。

11.2.4 分享某种技巧

虽然许多用户刷短视频的原因是从短视频中收获快乐，但是单纯的搞笑视频，人们在一笑过后也不会再留下什么。因此，部分用户在刷短视频的过程中，希望能从短视频中学到一些对自己有用处的知识或技能。

针对这一点，短视频运营者可以根据自身的定位，在短视频中分享与定位相关的知识或技能，并运用相关语言表达技巧进行说明，从而提高短视频的价值。

如果你分享的知识和技能对用户来说是有用处的，那么你的短视频对用户来说就有价值。而有价值的短视频，又是最容易获得用户关注的。因此，随着短视频价值的提高，短视频对用户的吸引力也会随之而增强。

11.2.5 植入其他作品

短视频运营者在制作短视频的过程中，可以适当地植入其他作品，如展示账号中已发布的短视频；然后通过一定的表达技巧，向用户介绍作品的相关信息，从而引导用户深入了解账号已发布的内容，提高账号中已发布内容的流量。

通常来说，在短视频中植入其他作品主要有两种方式。一种是在短视频中直接提及或者展示已发布的短视频，让感兴趣的用户在看到这条短视频之后，主动查看植入作品的完整版。

另一种是借助短视频平台的相关功能，让已发布的作品成为新作品的一部分。例如，在抖音App上可以通过合拍，将别人或自己已发布的短视频作为素材植入新的短视频中。

11.2.6　背景音乐引流

某账号运营者是一名歌手，她在抖音上发布了许多音乐作品。如图11-7所示为其抖音个人主页的“音乐”栏目，可以看到其中显示了她发布的一些音乐作品。

图 11-7　抖音个人主页的“音乐”栏目

许多短视频平台对于用户创作背景音乐还是比较支持的，这一点从短视频平台的部分功能就可以看出来。例如，利用短视频平台中的“拍同款”功能也是直接使用他人短视频中的背景音乐。

11.3　引流升级：更多短视频流量的来源

如今，短视频运营已经具有了一个火热的发展趋势，影响力越来越大，受众的范围也越来越广，这意味着短视频运营领域拥有大量的潜在流量，获得更多的潜在流量成为众多短视频运营者的一致追求。本节主要以抖音短视频平台为例，介绍为短视频账号引流升级的技巧。

11.3.1　对标好精准的流量

对短视频行业来说，流量的重要性是不言而喻的，很多运营者都在利用各种各样的方法来为账号或作品引流，目的就是希望能够增加粉丝，打造“爆款”内容。而流量的提升难易程度，不可一概而论，关键是在于运营者采取何种技巧，以及投入多少时间和资金成本。

引流的前提是流量一定要精准，这样才有助于后期的变现。例如，很多运营者在抖音上拍摄搞笑内容，然后在剧情中植入商品。这类内容相对来说比较容易吸引用户的关注，也容易产生“爆款”内容，并且能够有效覆盖更多的人群，但获得的往往是“泛流量”，用户关注的更多的是内容，而不是产品。若运营者想要借助视频获得直接利益，则效果会不佳。

因此，对于短视频变现，运营者需要对标精准的流量来实现内容的转化。

11.3.2 借助原创内容引流

对于有短视频制作能力的运营者，原创内容引流是最好的选择。运营者可以把制作好的原创短视频发布到抖音平台，同时在账号资料部分进行引流，如昵称、个人简介等地方，都可以留下微信等联系方式。

短视频平台上的年轻用户偏爱热门和有创意有意思的内容，同时在抖音官方介绍中，抖音鼓励的视频是：场景化、画面清晰，记录自己的日常生活，内容健康向上，多人类、剧情类、才艺类、心得分享类、搞笑类等多样化内容，不拘泥于一个风格。运营者在制作原创短视频内容时，可以记住这些原则，让作品获得更多推荐。

11.3.3 借助“种草”视频引流

“种草”是一个网络流行语，表示分享推荐某一商品的优秀品质，从而激发他人购买欲望的行为。如今，随着短视频的火爆，带货能力更好的种草视频也开始在各大新媒体和电商平台中流行起来，能够为产品带来大量的流量。

相对于图文内容，短视频可以使产品种草的效率大幅提升。因此，“种草”视频更具引流和带货优势，可以让消费者的购物欲望变得更加强烈。具体来说，“种草”视频的主要优势如图11-8所示。

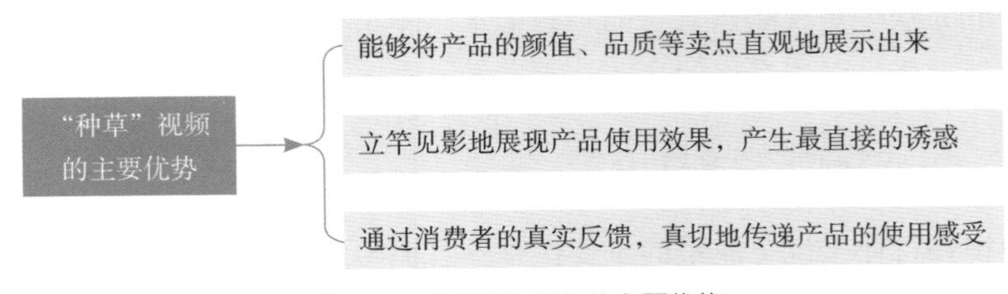

图 11-8 “种草”视频的主要优势

“种草”短视频不仅可以告诉潜在消费者你所推荐产品的主要优势，还可以使运营者和用户之间快速建立起信任关系，从而实现“种草”成功。任何事物的火爆都需要借助外力，“爆品（火热的产品）”的锻造升级也是如此。在这个产品繁多、信息爆炸的时代，如何引爆产品是每一个运营者都值得去思考的问题。从“种草”视频的角度出发，打造“爆款”需要做到以下几点，如图11-9所示。

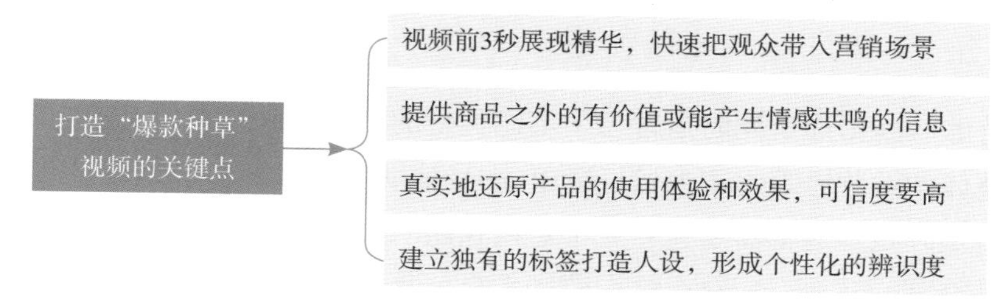

图 11-9　打造“爆款种草”视频的关键点

11.3.4　借助付费工具引流

如今，各大短视频平台针对有引流需求的用户都提供了付费工具，如抖音的“DOU+上热门”、快手的“帮上热门”等。例如，“DOU+上热门”是一款视频“加热”工具，可以将视频推荐给更多兴趣用户，提升视频的播放量与互动量，以及提升视频中带货产品的点击率。

11.3.5　借助抖音热词引流

对短视频的创作者来说，“蹭热词”是耳熟能详的。运营者可以利用抖音热搜寻找当下的热词，并让自己的短视频高度匹配这些热词，使视频得到更多的曝光。下面总结出了4个利用抖音热搜引流的方法，如图11-10所示。

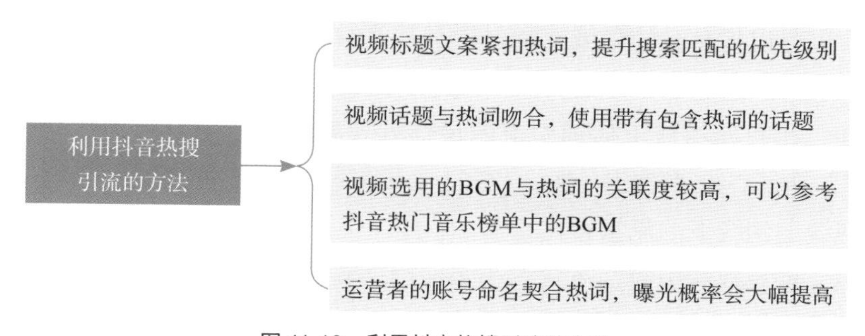

图 11-10　利用抖音热搜引流的方法

11.3.6　借助评论功能引流

运营者可以通过关注同行业或同领域的相关账号，评论他们的热门作品，并在评论中打广告，给自己的账号或者产品引流。评论热门作品引流主要有两种方法。一种是直接评论热门作品，这种方法的主要特点为流量也大，但竞争大；另一种是评论同行的作品。

11.3.7 借助矩阵账号引流

矩阵账号是指通过同时运营多个不同类型的账号，来打造一个稳定的粉丝流量池，整体的运营思维为“大号打造IP+小号辅助引流+最终大号转化”。

打造矩阵账号通常需要建立一个短视频团队，至少要配置2名主播、1个拍摄人员、1个后期剪辑人员及1个推广营销人员，从而保障矩阵账号的顺利运营。在打造矩阵账号时，还有很多注意事项，如图11-11所示。

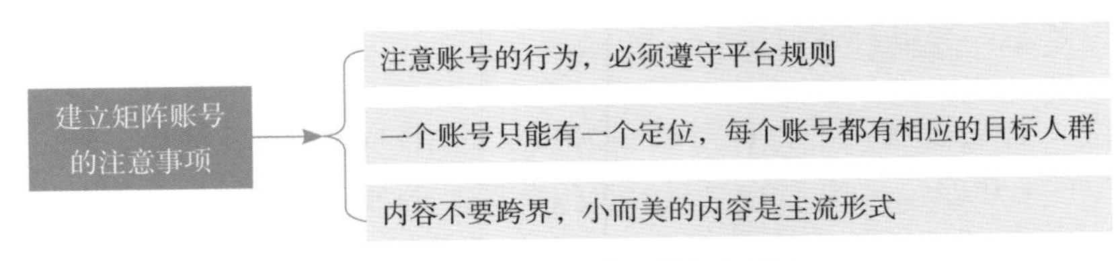

图 11-11　建立矩阵账号的注意事项

值得注意的是，矩阵账号中各子账号的定位一定要精准，这一点非常重要，每个子账号的定位不能过高或者过低，更不能错位，既要保证主账号的发展，又要让子账号能够得到很好的成长。

11.3.8 借助线下 POI 引流

短视频的引流是多方向的，既可以从平台的公域流量池或者跨平台引流到账号本身，也可以将自己的私域流量引导至其他的线上平台。尤其是本地化的短视频账号，还可以通过短视频给自己的线下实体店铺引流。

例如，用抖音给线下店铺引流的最佳方式就是开通企业号，并利用“认领POI地址”功能，在兴趣点（Point Of Interest，POI）地址页展示店铺的基本信息，实现线上到线下的流量转化。

当然，要想成功引流，运营者还必须持续输出优质的内容，保证稳定的更新频率，并多与用户互动，打造好自身的产品，做到这些则可以为店铺带来长期的流量。

11.3.9 借助热门话题引流

不管是做短视频还是其他形式的内容，只要内容与热点挂钩，通常都能得到极大的曝光度。那么，如何通过抖音蹭热门话题，让短视频播放量快速破百万呢？

运营者可以进入“抖音热榜”界面中的“挑战榜”选项卡，选择合适的热点话题，只需点击“立即参与”按钮，即可参加该热门话题挑战赛。另外，运营者也可以在“挑战榜”上的短视频播放界面中点击“拍同款”按钮，快速拍摄带同款热点话题的短视频。运营者发布短视频后，平台会根据这个热点的热度，以及内容与热门话题的相关性，为短视频分配相应的流量。

11.4　粉丝运营：提高黏性和转化

在掌握了以上知识之后，短视频运营者还可以借助一些技巧来提高粉丝的关注度，具体可以通过各种社交互动方式，让流量主与粉丝的关系更加深入，让信息的流动性更强，从而实现短视频运营的变现。本节我们来看一下粉丝运营的相关内容。

11.4.1　构建私域流量池

《连线》（Wired）杂志创始主编凯文·凯利（Kevin Kelly）提出了“一千个铁杆粉丝理论”。他认为：“任何创作艺术作品的人，只需拥有1000名铁杆粉丝，也就是无论你创作出什么作品，他/她都愿意付费购买的粉丝，便能糊口。”这句话意在说明获取粉丝信任的重要性。

如今，打造个人品牌已经不再是所谓明星、名人和企业家的福利，每个人都可以通过互联网用自己的“绝活”来吸引观众，通过给大家分享有价值的内容，来实现粉丝经济变现。

私域流量的出现，打破了传统的商业逻辑，产品买卖不再是一次性的交易。商家可以通过各种私域流量平台来吸引粉丝，并且聚集和沉淀产品的目标消费人群，同时将这些用户转化为自己的铁杆粉丝，构建数据池。

另外，随着信任关系的不断增强，我们还可以用存量来带动增量，并且将流量转化为“留量”。“留量”指的是私域流量池中留下的有深度互动的用户资源。如果粉丝人群是流量的表现，那么铁杆粉丝就是“留量”的代表。

★ 专家提醒 ★

私域流量是相对于公域流量的一种说法。其中，“私”指的是个人的、私人的、自己的意思，与公域流量的公开相反；“域”指的是范围，即这个区域到底有多大；“流量”则是指具体的数量，如人流数、车流数或用户访问量等。私域流量和公域流量在“域”“流量”上具有相似性。

构建私域流量池，可以采取以下几种方法。

（1）主动添加新朋友：运营者可以根据用户的个人信息，获取用户的微信等联系方式来拉近与用户的距离。

（2）利用“鱼塘理论”：“鱼塘理论”认为，精准用户就像一条条游动的鱼，他们聚集的地方就像鱼塘。运营者可以通过社交应用中的各类群，如微信群、豆瓣小组等，找到与视频内容相关的人群，使其成为自己的粉丝。

（3）添加相应的群好友：当运营者找到并进入相应的精准微信群、豆瓣小组之后，就可以添加群里面的成员为自己的好友，并打造成自己的私域流量池了。

（4）日常关系维护：当运营者添加了群内的好友后，切不可置之不理，一定要多与他们进行互动交流。运营者在与好友交流时，首要原则是保持真诚，秉持交朋友的态度与其进行交流。

11.4.2　流量裂变实现增值

一般来说，运营者在拥有了一定的粉丝和人脉之后，要成功地推出产品并不难。但是，要如何将粉丝们有效地结合在一起，提高产品销量呢？运营者可以创建一个群聊。以抖音为例，短视频运营者在有了一定的粉丝基础之后，可以通过创建抖音群聊的方式，将众多粉丝聚集到一起，作为运营者联系新老粉丝的一个入口。运营者可以通过群聊将新产品、今日活动、优惠福利等优先通知每一个粉丝，来增加粉丝或潜在用户的黏性。

原有的粉丝是运营者的主要流量来源，运营者需要重点维系好与原有粉丝的关系，利用原有的粉丝流量来快速裂变吸粉，实现流量增值。具体来说，运营者可以采取以下措施，如图11-12所示。

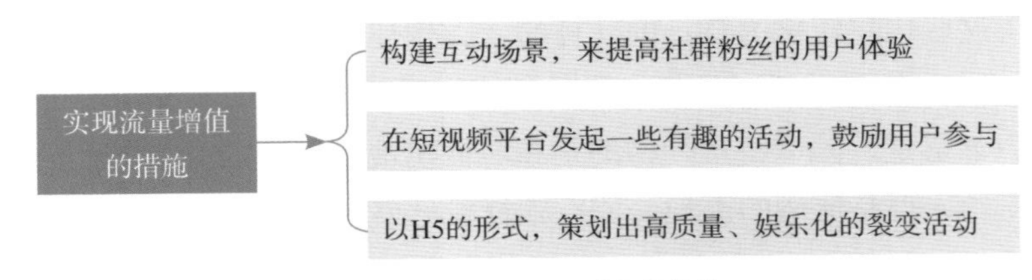

图 11-12　实现流量增值的措施

运营者可以在H5页面中添加裂变红包插件，这样用户每次在活动中抽得一次红包奖励，还可以收获相应的裂变红包。裂变红包对营销活动有很好的推动作用，能够激发用户的分享欲望，极大地提升活动的分享率，使其传播范围更大。

11.4.3　自建“鱼塘养鱼”

如今，不管是哪个平台，要捕到流量这条“大鱼”的成本已经越来越高，因此建议运营者最好自建“鱼塘”来“养鱼”（打造私域流量），这样不仅可以降低“捕鱼”成本（不用做付费引流），同时也会更容易“捕到鱼”（流量更精准）。关于运营者打造私域流量，可以参考以下几个方向。

（1）从公域流量中“抓鱼”

广大的公域流量池是运营者引流的首选渠道，进入这些平台，可以将其中的用户转化为自己的私域流量。例如，运营者同时运营多个短视频账号，可以在账号简介中注明相关的账号名称。

（2）从他人账号中“捞鱼”

运营者可以从那些“大V（具有一定影响力和知名度的账号）”的私域流量池中捞流量。具体来说，运营者可以多关注同行业或同领域的相关账号，评论他们的热门作品，并在评论中打广告，给自己的账号或者产品引流。

例如，拍摄美妆视频的运营者可以多关注一些护肤、美容等相关账号，选择在知名度高的账号下进行评论区留言，引导他们的粉丝来关注自己。但注意，评论的话题或话语需以正向价值观为导向，切忌话语低俗、带负能量等。如图11-13所示为拍摄美食探店类视频的账号，其关注的账号大多也是与美食探店类相关的。

图 11-13　拍摄美食探店类视频账号相关关注账号

（3）裂变与转化私域流量

运营者还可以在自己已有的私域流量中努力，通过提高短视频的内容质量、增加宠粉福利等方式激发粉丝转发视频的欲望，从而实现私域流量的裂变与转化，获得更多的流量。

11.4.4 个人 IP 实现变现

通过前面的引流吸粉，我们可以慢慢积攒到自己的私域流量，也许可以收割一批流量红利，但是长久下去往往会涸泽而渔。因此，我们需要同时打造自己的个人IP，结合私域流量和个人IP来实现更加长久的变现运营。

具体来说，短视频运营者打造个人IP有以下几个步骤。

（1）定位个人IP

定位个人IP即平常所说的产品定位，通过打造的“斜杠身份”来告诉你的粉丝，你能为他们带来什么价值。个人IP要有明确清晰的定位，不仅做垂直领域的内容，而且要用更好的创意来另辟蹊径，开发全新的领域。

定位个人IP包含3个方面的内容，具体如下。

① 确定个人IP的基本类型：短视频运营者在打造个人IP时，应重点布局如图11-14所示的3种类型。

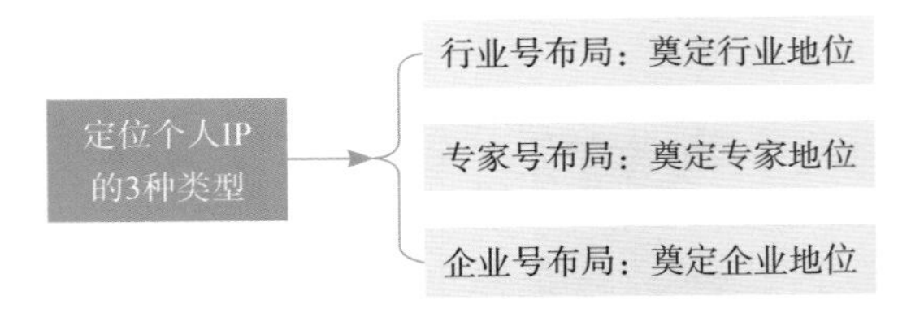

图 11-14　定位个人 IP 的 3 种类型

② 确定个人IP的用户定位：在私域流量和个人IP结合运营中，用户定位是至关重要的一环。首先应该要做的是了解平台针对的是哪些人群，他们具有什么特征等问题。在了解用户特征的基础上，进行用户定位。在定位用户的整个过程中，一般包括3个步骤，具体如下。

- 数据收集：运营者可以通过一些短视频平台后台提供的数据分析功能来分析用户属性和行为特征，包括年龄段、性别、收入和地域等，从而大致了解自己的用户群体的基本属性特征。
- 用户标签：在获得相关的用户基本数据后，根据这些数据来分析用户的喜好，给每一个用户打上标签，并进行分类，洞析用户需求。

• 用户画像：利用上述内容中的用户属性标注，从中抽取典型特征，完成用户的虚拟画像，构成平台的各类用户角色，以便进行用户细分。接下来运营者就可以在内容中更多地合理植入用户偏好的关键词，以便让内容更多地被用户搜索和喜欢，从而促进个人IP的发展和壮大。

③ 打造个人IP的“斜杠身份”：运营者可以根据用户定位来打造个人IP的“斜杠身份”，用户喜好什么，我们就给自己标记什么样的身份。具体而言，运营者可以参考以下技巧来打造“斜杠身份”，如图11-15所示。

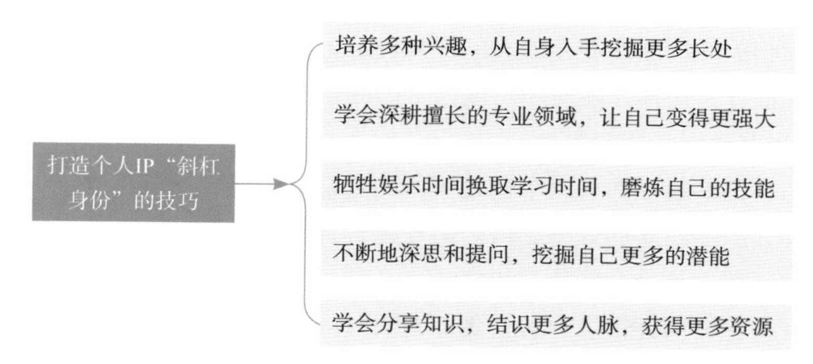

图 11-15　打造个人 IP“斜杠身份”的技巧

（2）打造IP产品

个人IP产品的打造与自媒体是不同的，自媒体通常讲究单点极致，致力于单一产品的打造；而个人IP则更强调生态，因此需要强大的产品矩阵来支持其私域流量的变现。

对于短视频运营，打造个人IP产品，相当于创建自己的内容品牌，制作出不一样的视频内容，以快速实现私域流量的变现。例如，短视频运营者以图文、影音等形式来传播个人IP的品牌文化和价值卖点，借此吸引粉丝的注意力，从而达到引流私域池的目的。

（3）个人IP变现

短视频的个人IP变现主要是通过短视频输出有价值的内容，获得一定数量的私域流量或影响力来实现的。例如，有些短视频平台推出了一些付费视频或课程，可以帮助短视频运营者获得一些利益。

再例如，运营者可以通过有偿帮助企业或品牌传播商业信息，参与各种公关、促销、广告等活动，促成产品的购买行为，并美化品牌的形象，以此来获得代言或代销售的费用。

11.4.5 稳固粉丝的方法

一般来说，稳定的粉丝是短视频运营获益的途径之一，因此运营者要以粉丝为中心输出视频内容，拍摄与粉丝相关的视频。具体来说，运营者可以掌握以下技巧来稳固自己视频的粉丝数量。

（1）以满足用户需求出发

短视频运营者要找到自己的需求用户，有针对性地解决用户的痛点，才能抓住用户。运营者首先要与用户进行沟通交流，了解用户需要解决什么样的问题，然后再推荐相关的产品或制作相关的视频内容，真正站在用户的角度为其着想，得到用户的信任，这样才能使用户成为自己的铁杆用户或粉丝。

（2）多互动增强用户黏性

为了与自己的粉丝形成一个比较稳固的关系，短视频运营者应该尽量多与粉丝进行互动，赢得粉丝的好感，增强信任感，且多提升自己的存在感，关心自己的核心粉丝，评论是最有效的方法之一。

在短视频平台的评论区，运营者面对粉丝的评论尽量回复以表尊重。为此，运营者需要注意如图11-16所示的问题。

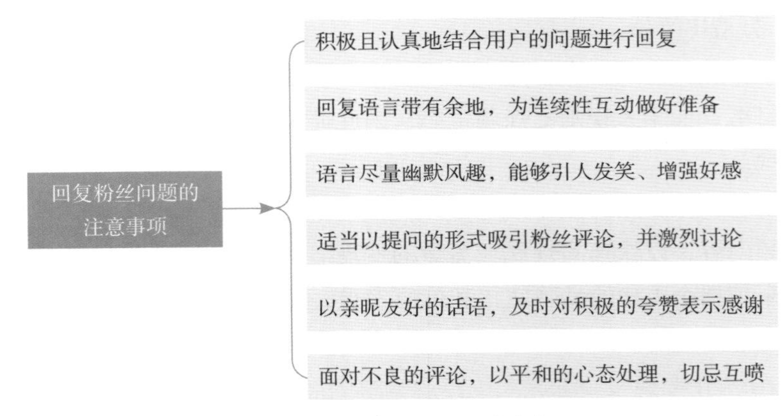

图 11-16 回复粉丝问题的注意事项

（3）以真挚情感打动粉丝

运营者在制作短视频时，如果只是循规蹈矩地发一些无趣的广告，势必显得不真诚。但是如果对广告内容加以修改，添加一些可以吸引人眼球的元素，那么吸引粉丝的概率就会高很多。

一般来说，最能够引起人们注意的话题自然就是“感情”。用各种能够触及对方心灵的句子或内容来吸引别人，也就是所谓的“情感营销”。因为在如今这个时代，由于物质生活的不断丰富，大家在购买产品时，不只看重产品本身的质量与价格，更多的是在追求一种精神层面的满足，一种心理认同感。情感营销正是利用了用户这一心理，对症下药，将情感融入营销当中，唤起消费者的共鸣与需求，把“营销”这种冰冷的买卖行为变得有血有肉。

因此，在制作短视频时，运营者也应该抓住用户对情感的需求，不一定非要是“人间大爱”，任何形式的、能够感动人心的内容，都可能触动不同用户的心灵。

（4）使新用户成为铁粉的方法

不论制作何种类型的视频，运营者都应该尽量做到持续跟踪用户，只有这样，才能让对方感受到你的诚意。那么，如何才能做到有效地跟踪呢？下面为大家详细介绍3种方式。

① 独辟蹊径寻找跟踪方式：因为只有“不一样”，才能让对方对你留下深刻的印象。例如，大部分运营者与粉丝互动多在评论区或发私信，而我们可以试着写一封信与用户进行交谈，手写的文字相比于网络上的交流会更有温度，更显运营者对粉丝的用心程度。

② 找合适的对话主题：在跟踪用户的过程中，运营者每一次与用户交谈或发布内容，都需要有一个合适的主题开始。例如，涉及产品推荐的视频，直接介绍产品容易演变成“广告营销”，运营者可以尝试写一个与产品相关的故事脚本，将其拍摄出来并在其中引入产品的使用等，以此达到推荐产品的效果，这样更容易令用户接受，并且吸引新用户成为铁粉的概率更高。

③ 注意跟踪的时间间隔：跟踪用户的时间间隔也是一个需要仔细思考与看待的内容，因为时间间隔太短会让人厌烦，太长又容易让对方忘记你的存在。一般来说，2～3个星期进行一次跟踪调查是比较好的选择。例如，短视频运营者有固定的发布时间，在发布2～3条视频的时间间隙中，尝试发放一次宠粉福利，让粉丝感受到运营者的诚意等。

★ 专 家 提 醒 ★

运营者在每次跟踪调查时，都不要显露出太强烈的营销欲望，必须要明确，跟踪的主要目的还是帮助用户解答关于产品或服务的问题，甚至是去了解用户，摸清楚他们真正想要的，从而为他们创造价值。

（5）多平台引流拓展用户

如今，有很多可以发布短视频的平台，如抖音、哔哩哔哩、小红书、快手等，短视频运营者可以将眼光放长远一些，同时注册多个平台的账号，拓展更多的可能性，挖掘更多的粉丝。如图11-17所示为多平台引流示例。在该示例中，这位网名为四月的运营者分别在抖音和小红书开通了账号，并在每个平台上都吸引了大量粉丝。

（6）鼓励用户提出意见进行反馈

短视频运营者应该不断挖掘用户的价值，听取用户的建议，不断完善视频的制作，最终形成自己的特色，从而吸引更多的用户。

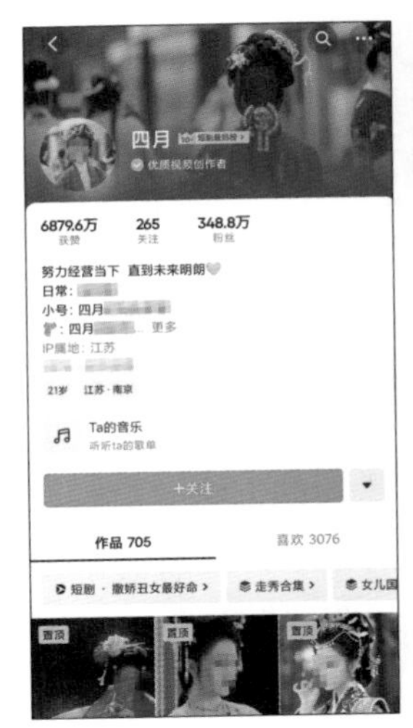

图 11-17　多平台引流示例

用户的建议对短视频运营者来说，具有至关重要的作用。因为用户作为粉丝，可以描述他们真正需要的是什么、你的视频还欠缺些什么，以及有哪些没有做到位的。运营者在面对用户的建议时，有以下3个原则是必须要遵守的。

① 鼓励用户主动建议：运营者需要主动一些，去鼓励用户提出一些不满意或他觉得还可以完善的地方，并且向用户表明你一定会重视他提出的意见，甚至可以采取在资金上给予鼓励，给那些提出好建议的用户提供优惠政策或是代金券奖励。很多时候，有偿得到的信息会比无偿的更加有价值。

② 认真听取用户的建议：一旦用户提出了建议，运营者要做的就是认真记录这些信息，表明自己对这些信息的重视性，绝不能随意敷衍。在听取完建议之后，运营者还应该深入分析形成这个问题的原因，应该要如何做才能解决这个问题，拟出具体的实施方案来。

③ 完善与落实用户的建议：如果收集建议之后没有立马去落实，那么听取建议的过程就没有任何意义，视频制作也可能得不到最优的效果，甚至当有些用户发现自己的建议没有被重视和实施的时候，他们可能失去再次提建议的信心。所以，运营者在听取建议之后，一定要迅速总结出解决方案并落实，争取在最短的时间内让顾客看到你的改变，增强用户对你的信任度与好感度，从而拉动产品的销量与人气。

第 12 章

视频变现：利用短视频获取收益

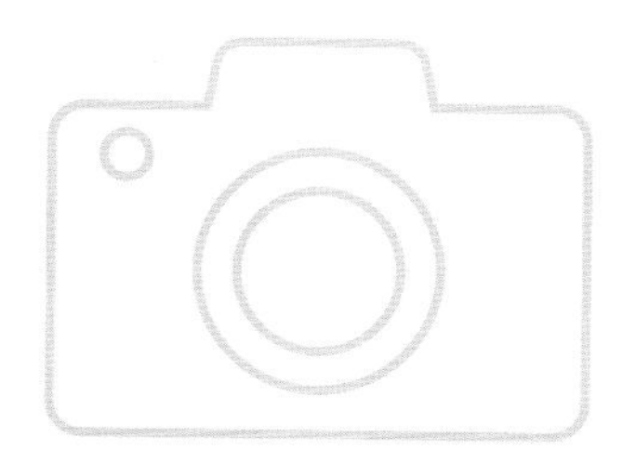

根据中国互联网络信息中心发布的数据显示，2021年国内短视频用户规模已经达到8.88亿。这个数字对创业者和企业来说意味着什么？意味着短视频领域有大量的赚钱机会，可以说流量就是金钱，流量在哪里，哪里的变现机会就更大。

12.1 广告变现：商业变现模式

广告变现是目前短视频领域最常用的商业变现模式，一般按照粉丝数量或者浏览量来进行结算。本节主要以抖音平台为例，介绍各种广告变现的渠道和方法，让短视频获得盈利变得更简单。

12.1.1 流量广告变现

流量广告变现是指将短视频流量通过广告手段实现现金收益的一种商业变现模式。流量广告变现的关键在于流量，而获得流量的关键就在于引流和提升用户黏性。在短视频平台上，流量广告变现是指在原生短视频内容的基础上，平台利用算法模型来精准匹配与内容相关的广告。

流量广告变现适合拥有大流量的短视频账号，这些账号不仅拥有足够多的粉丝关注，而且他们发布的短视频也能够吸引大量观众观看、点赞和转发。

例如，由抖音、今日头条和西瓜视频联合推出的“中视频计划”就是一种流量广告变现模式。运营者只需在该平台上发布时长为1～30分钟的视频，即有机会获得收益，如图12-1所示。简单来说，就是只要视频有播放量，运营者就能赚到钱。

图 12-1 “中视频计划”的相关介绍和入口

“中视频计划”的入口位于抖音App创作者服务中心的功能列表中，运营者可通过点击计划介绍界面中的“立即加入”按钮，并完成西瓜视频账号和抖音账号的绑定，即可申请加入“中视频计划”。

12.1.2　星图接单变现

巨量星图是抖音为达人和品牌提供的一个内容交易平台，品牌方可以通过发布任务达到营销推广的目的，达人则可以在平台上参与星图任务或承接品牌方的任务成功实现变现。如图12-2所示为巨量星图的登录界面，可以看到它支持多个媒体平台。

图 12-2　巨量星图登录界面

巨量星图为品牌方寻找合作达人提供了更精准的途径，为达人提供了稳定的变现渠道，为抖音、今日头条、西瓜视频等新媒体平台提供了富有新意的广告内容，在品牌方、达人和各个新媒体平台等方面都发挥了一定的作用。

（1）品牌方：品牌方在巨量星图平台中可以通过一系列榜单更快地找到符合营销目标的达人。此外，平台提供的组件功能、数据分析、审核制度和交易保障在帮助品牌方降低营销成本的同时，能够获得更好的营销效果。

（2）达人：达人可以在巨量星图平台上获得更多的优质接单机会，从而赚取更多的变现收益。此外，达人还可以签约多频道网络（Multi-Channel Network，MCN）机构，获得专业化的管理和规划。

（3）新媒体平台：对抖音、今日头条、西瓜视频等各大新媒体平台来说，巨量星图可以提升平台的商业价值，规范和优化广告内容，避免低质量广告影响用户的观感，以及降低用户黏性。

巨量星图面向不同平台的达人提供了不同类型的任务，只要达人的账号达到相应平台的入驻和开通任务的条件，并开通接单权限后，就可以承接该平台的任务，如图12-3所示。

图 12-3　巨量星图平台上的任务

达人完成任务后，可以进入“我的星图”页面，在这里可以直接看到自己的账号通过做任务获得的收益情况，如图12-4所示。需要注意的是，在默认状态下，任务总金额和可提现金额数据是隐藏的，达人可以单击右侧的 图标，显示具体的金额。

图 12-4　“我的星图”页面

★ 专 家 提 醒 ★

平台只会对未签约 MCN 机构的达人收取 5% 的服务费。例如，达人的报价是 1000 元，任务正常完成后平台会收取 50 元的服务费，达人的可提现金额是 950 元。

12.1.3　全民任务变现

全民任务，顾名思义是指所有抖音用户都能参与的任务。具体来说，全民任务就是广告方在抖音App上发布广告任务后，用户根据任务要求拍摄并发布视频，从而有机会得到现金或流量奖励。

用户可以在“全民任务”活动界面中查看自己可以参加的任务，如图12-5所示。选择相应的任务即可进入任务详情界面，查看任务的相关玩法和精选视频，如图12-6所示。

图 12-5　“全民任务”活动界面

图 12-6　任务详情界面

全民任务功能的推出，为广告方、抖音平台和用户都带来了不同程度的好处。

（1）广告方：全民任务可以提高品牌的知名度，扩大品牌的影响力；而创新的广告内容和形式不仅不会让达人反感，而且还能获得达人的好感，达到营销宣传和大众口碑双赢的目的。

（2）抖音平台：全民任务不仅可以刺激平台用户的创作激情，提高用户的活跃度和黏性，还可以提升平台的商业价值，丰富平台的内容。

（3）用户：全民任务为用户提供了一种新的变现渠道，没有粉丝数量门槛，没有视频数量要求，没有拍摄技术难度，只要用户发布的视频符合任务要求，就有机会得到任务奖励。

用户参与全民任务的最大目的当然是获得任务奖励，那么怎样才能获得收益，甚至获得较高的收益呢？

以拍摄任务为例，首先用户要确保投稿的视频符合任务要求，计入任务完成次数，这样用户才算完成任务，才有机会获得任务奖励。

其次，全民任务的奖励是根据投稿视频的质量、播放量和互动量来分配的，也就是说，视频的质量、播放量和互动量越高，获得的奖励才有可能越多。成功完成任务后，为了获得更多的任务奖励，用户可以多次参与同一个任务，增加获奖机会，提高获得较高收益的概率。

12.2 内容变现：获取创作收益

内容变现，其实质在于通过短视频售卖相关的内容产品或知识服务，来让内容产生商业价值，变成“真金白银”。本节主要以抖音平台为例，介绍短视频内容的变现渠道和相关技巧。

12.2.1 激励计划变现

很多短视频平台针对优质的内容创作者推出了一系列激励计划，大力帮助他们进行内容变现，给优质创作者带来更多福利。例如，抖音推出的“剧有引力计划”就是一种平台激励计划。

运营者可以在抖音App的创作者服务中心的功能列表中，点击“剧有引力计划”按钮，进入“剧有引力计划”的活动界面，向上滑动屏幕，可以看到“立即报名”按钮，如图12-7所示。

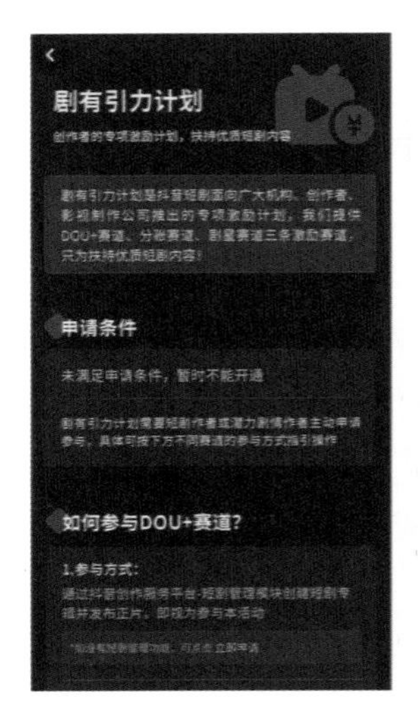

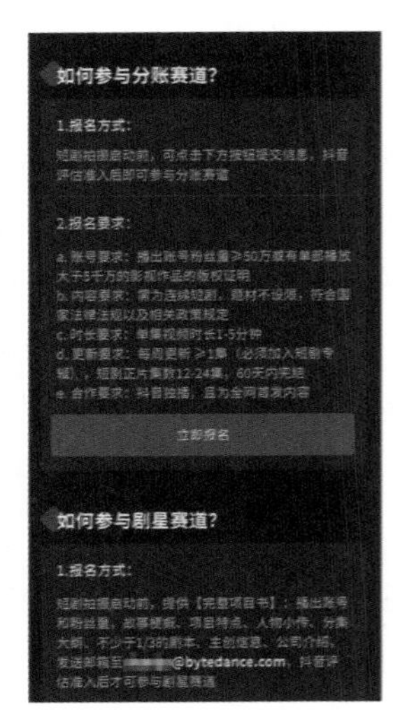

图 12-7 “剧有引力计划”活动界面

点击“立即报名”按钮，即可进入“抖音短剧剧有引力计划——分账赛道短剧报名表”界面，如图12-8所示。用户在此报名表中填写详细信息，并点击“提交报名”按钮即可。

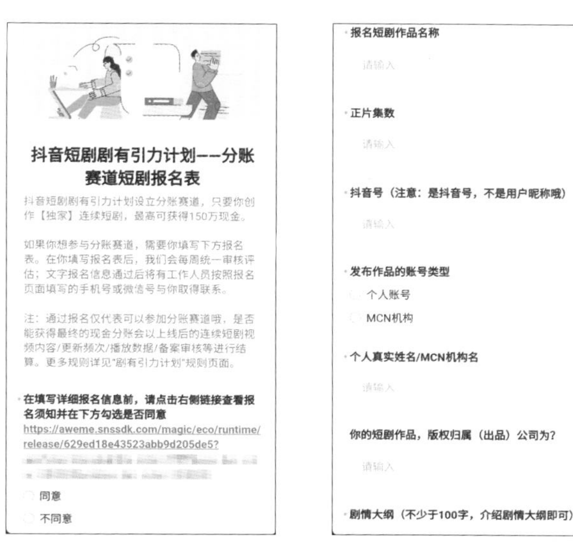

图 12-8　“抖音短剧剧有引力计划——分账赛道短剧报名表”界面

“剧有引力计划”的任务奖励包括现金分账和流量激励两种方式，但活动门槛比全民任务更高，不仅对内容有更高的要求，而且参与者的粉丝量和作品播放量都需要达到一定的指标。

12.2.2　流量分成变现

参与平台任务获取流量分成，是内容营销领域较为常用的变现模式之一。例如，抖音平台推出的“站外播放激励计划”就是一种流量分成的内容变现形式，不仅为创作者提供了站外展示作品的机会，而且还帮助他们增加变现渠道，获得更多收入。

“站外播放激励计划”有以下两种参与方式。

（1）进入抖音App的创作者服务中心，点击“全部分类”按钮，进入“功能列表”界面，点击“站外播放激励”按钮，如图12-9所示。

（2）收到站内信或PUSH通知的创作者，可以通过点击站内信或PUSH直接进入计划主界面，点击“加入站外播放激励计划”按钮申请加入，如图12-10所示。

创作者成功加入“站外播放激励计划”后，抖音可将其发布至该平台的作品，授权第三方平台进一步商业化使用，并向创作者支付一定的收益，从而帮助创作者进一步增加作品的曝光量和提升创作收益。

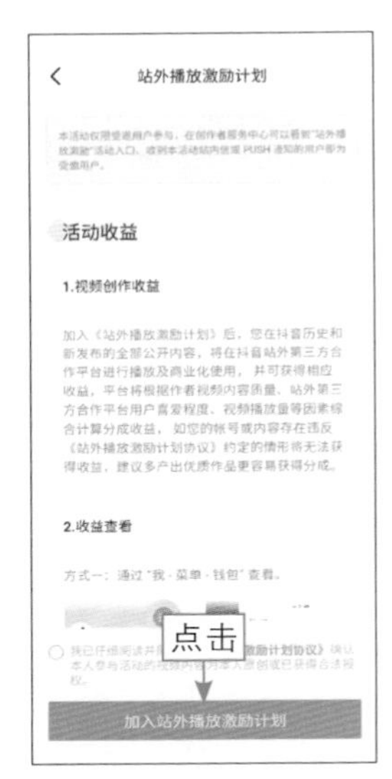

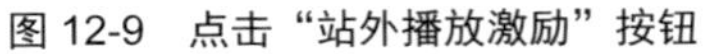
图 12-9　点击“站外播放激励”按钮

图 12-10　点击“加入站外播放激励计划”按钮

12.2.3　视频赞赏变现

在抖音平台上，创作者可通过优质内容来获得观众的赞赏，这是一种很常见的内容获利形式，在多个平台上都有它的身影。赞赏可以说是针对广告收入的一种补充，不仅可以增加创作者的收益方式，而且还能够增进创作者与粉丝的关系。

例如，抖音平台的创作者可以开启“视频赞赏”功能，将有机会获得赞赏收益。“视频赞赏”功能目前处于内测中，平台会通过站内信限量邀请符合开启条件的创作者试用。

当创作者开通“视频赞赏”功能后，观众在浏览他发布的短视频时，只需长按视频后点击“赞赏视频”按钮，或者在分享面板中点击“赞赏视频”按钮，即可给创作者打赏。

12.2.4　付费课程变现

付费课程是内容创作者获取盈利的主要方式，它是指在各个内容平台上推送文章、视频、音频等内容产品或服务，订阅者需要支付一定的费用才能够看文章、看视频或者听音频。

用户通过订阅VIP服务，为好的内容付费，可以让内容创作者从中获得尊严和回报，这样内容创作者才会有更多的精力和激情持续进行内容创作。

例如，哔哩哔哩平台有专门的“课堂模式”，给运营者提供课堂发布的服务，示例如图12-11所示。

图 12-11　哔哩哔哩通过录制付费课程变现示例

付费课程内容变现模式适合知识服务公司、线上教育公司、线上授课老师、课程制作公司及视频录课团队等人群。创作者最好能取得一定的学历或者专业证书，提升自己的权威性，同时还需要掌握一些课程包装、PPT设计、流程图、后期制作、分析调研等技能和准备工作。

12.2.5　付费专栏变现

付费专栏是指内容变现的作品有比较成熟的系统性，而且内容的连贯性也很强，不仅能够突出创作者的个人IP，同时能够快速打造“内容型网红”。

付费专栏的内容形式包括图文、音频、视频及多种形式混合的内容，专栏作者可以自行设置价格，用户按需付费购买后，专栏作者即可获得收益分成。付费专栏内容变现模式适合能够长期输出专业优质内容的创作者，付费专栏的目的在于吸引潜在的“付费用户”。

相比于打赏和点赞的随意性阅读，订阅付费专栏的粉丝通常是高黏性、强关联的用户，因此我们需要通过付费专栏来传递价值，满足用户需求。付费专栏适合做一些系列或连载的内容，能够帮助用户循序渐进地学习某个专业的知识，同时可以满足各种内容形态和变现需求。

另外，拥有大流量的自媒体人也可以寻找一些优质作者合作，来推广他们的付费内容，赚取一定的佣金。

12.2.6 吸引会员变现

招收付费会员也是内容变现的途径之一，这种会员机制不仅可以提高用户留存率和提升用户价值，而且还能得到会费收益，建立稳固的流量桥梁。

付费会员模式适合某个行业领域的资深从业者和培训讲师。付费会员变现最典型的例子就是“逻辑思维”，其推出的付费会员制如下。

（1）设置了5000个普通会员，成为这类会员的费用为200元/个。

（2）设置了500个铁杆会员，成为这类会员的费用为1200元/个。

普通会员200元/个，而铁杆会员是1200元/个，这个看似不可思议的会员收费制度，其名额却在半天就售罄了。

对创业者和内容平台来说，付费会员不仅能够帮助他们留下高忠诚度的粉丝，同时还可以形成纯度更高、效率更高的有效互动圈，最终更好地获利变现。

12.2.7 广告联盟变现

广告联盟平台是连接广告主和联盟会员的第三方平台，广告主可以在平台上发布自己的推广需求，联盟会员则可以根据自己的内容定位和渠道特点，在平台上接广告任务，布置到自己的内容渠道，从而获得相应的广告收益，而广告联盟平台则从中赚取相应的服务费。例如，前面提到的抖音巨量星图接单则是代表平台之一。

★ 专 家 提 醒 ★

如今，各大内容平台都根据自己的平台特点，推出了各种各样的广告变现形式，来提升平台的竞争力。虽然他们的形式不同，但本质上都在偏向更注重消费者体验的“原生态广告”，通过短视频内容这类简单的品牌曝光方式来抓住用户的胃口，更好地实现品牌转化。

再例如，“快接单”是由北京晨钟科技推出的面向快手用户的任务推广接单功能，目前此功能在小范围测试中，不接受申请，只有少数受邀用户可以使用。快手运营者可以自主控制“快接单”发布时间，流量稳定有保障，多种转化形式保证投放效果。运营者可以通过“快接单”平台，接广告主发布的应用下载、品牌或者商品等推广任务，并拍摄视频来获得相应的推广收入。

值得注意的是，“快接单”还推出了“快手创作者广告共享计划”——一种针对广大快手“网红”的新变现功能。主播确认参与计划后，无须专门去拍短视频广告，而是将广告直接展示在主播个人作品的相应位置，同时根据广告效果来付费，不会影响作品本身的播放和上热门等权益。粉丝浏览或点击广告等行为都可能为主播带来收益。

12.2.8　售卖版权变现

各种发明创造、艺术创作，乃至在商业中使用的名称和外观设计等，都可以被认为是权利人所拥有的知识产权，都能够通过出售版权来获得收益。

运营者通过短视频平台买断视频版权来实现获益，而这一获益需要运营者有自己的作品，包括影视、文字作品、口述作品、音乐、戏剧、曲艺、舞蹈、杂技艺术作品、美术、建筑、摄影、软件等，同时这些作品还应当具有独创性。

如今，国内一些比较大型的视频网站都采用了买断版权的内容变现战略，将特殊版权与强力IP相结合，以增加付费用户的数量，如腾讯视频、QQ音乐和爱奇艺等都喜欢用买断的方式来操作。

例如，哔哩哔哩平台有很多动漫、影视、纪录片等作品是买断了视频版权的，用户只能在该平台内进行观看，如图12-12所示。

图 12-12　哔哩哔哩平台上的动漫纪录片

12.2.9 植入赞助变现

一般来说，冠名赞助指的是短视频运营者在平台上策划一些有吸引力的视频或活动，并设置相应的节目或活动赞助环节，以此吸引一些广告主的赞助来实现变现。

冠名赞助广告变现的表现形式主要有3种，即片头标板、主持人口播和片尾字幕鸣谢。对短视频平台来说，将冠名赞助融入视频中，可以充分发挥运营者的想象力，以更灵活、多样化的方式来呈现最佳效果，从而获取盈利。

这种冠名赞助的形式，一方面，对运营者来说，它能让其在获得一定收益的同时提高粉丝对视频或节目的关注度；另一方面，对赞助商来说，可以利用活动的知名度为其带去一定的话题量，进而对自身产品或服务进行推广。因此，这是一种平台和赞助商共赢的变现模式。

对短视频运营者而言，借助冠名赞助变现类似于广告接单，主要通过在视频里面植入广告来获取相应的费用。

12.3 电商变现：带货卖货变现

短视频电商变现和广告变现的主要区别：电商变现是基于短视频来宣传引流的，但还需要实实在在地将产品或服务销售出去才能获得收益，而广告变现则只需将产品曝光即可获得收益。

如今，短视频已经成了极佳的私域流量池，带货能力不可小觑。本节主要以抖音平台为例，介绍短视频的电商变现渠道和相关技巧。

12.3.1 抖音小店变现

抖音小店（简称抖店）覆盖了服饰鞋包、珠宝文玩、美妆、数码家电、个护家清、母婴和智能家居等多个品类，大部分线下有实体店或者开通了网店的商家，都可以注册和自己业务范围一致的抖店。

抖音小店包括旗舰店、专卖店、专营店、普通店等多种店铺类型。商家还可以在电脑上进入抖店官网的“首页”页面，可以选择手机号码注册、抖音入驻、头条入驻和火山入驻等多种入驻方法，如图12-13所示。

图 12-13　抖店的入驻方式

登录抖店平台之后，会自动跳转至“请选择主体类型”页面，如图12-14所示。运营者需要在该页面中根据自身的需要选择合适的主体类型（即单击对应主体类型下方的“立即入驻”按钮），然后填写主体信息和店铺信息，并进行资质审核和账户验证，最后缴纳保证金，即可完成抖店的入驻。

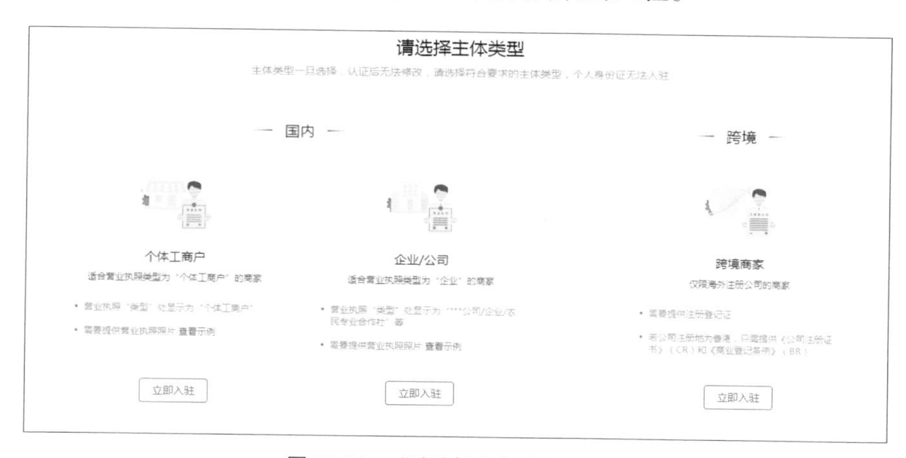

图 12-14　“请选择主体类型”页面

目前，抖音平台上的商品大部分来自抖音小店，因此我们可以将抖音看成是抖店的一个商品展示渠道，其他展示渠道还有抖音盒子、今日头条、西瓜视频等。也就是说，运营者如果想要在抖音上开店卖产品，开通抖店是一条捷径，即使是零粉丝也可以轻松入驻开店。

抖音小店是抖音针对短视频运营者变现推出的一个内部电商功能，通过抖音小店无须再跳转到外链去完成商品的购买，直接在抖音内部即可实现电商闭环，让运营者们更快变现，同时也为观众带来更好的消费体验。

12.3.2 商品橱窗变现

商品橱窗和抖店都是抖音电商平台为运营者提供的带货工具，其中的商品通常会出现在短视频和直播间的购物车列表中，是一个全新的电商消费场景，消费者可以通过它们进入商品详情页进行下单付款，让运营者实现卖货变现。

运营者可以在抖音的“商品橱窗”界面中添加商品，直接进行商品销售，如图12-15所示。商品橱窗除了会显示在信息流中，同时还会出现在个人主页中，方便粉丝查看该账号发布的所有商品。如图12-16所示为某抖音号的橱窗界面。

图 12-15 “商品橱窗”界面

图 12-16 某抖音号的橱窗界面

通过商品橱窗的管理，运营者可以将具有优势的商品放置在显眼的位置，增加观众的购买欲望，从而达到打造爆款的目的。

运营者要将商品橱窗中的商品卖出去，可以通过直播间和短视频两种渠道来实现。其中，短视频不仅可以为商品引流，而且还可以吸引粉丝关注，提升老顾客的复购率。因此，“种草”视频是实现橱窗商品售卖不可或缺的内容形式，运营者在做抖音运营的过程中也需要多拍摄“种草”视频。

12.3.3 抖音购物车变现

抖音购物车即商品分享功能（也称带货权限），顾名思义，就是对商品进行分享的一种功能。在抖音平台中，开通商品分享功能之后，运营者便可以拥有自己的商品橱窗，从而在抖音短视频、直播间和个人主页等界面对商品进行分享。

如图12-17所示为抖音短视频中的购物车。

图 12-17　抖音短视频中的购物车

开通商品分享功能的抖音账号必须满足两个条件，一是完成实名认证并缴纳作者保证金；二是开通收款账户（用于提取佣金）。当两个条件都达成之后，运营者便可申请开通商品分享功能，成为带货达人了。

运营者开通商品分享功能之后，最直接的好处就是可以拥有个人商品橱窗，能够通过购物车来分享商品赚钱。在抖音平台中，电商变现最直接的一种方式就是通过分享商品链接，为观众提供一个购买商品的渠道。对运营者来说，无论分享的是自己店铺中的商品，还是他人店铺中的商品，只要商品卖出去了，就能赚到钱。

12.3.4　精选联盟变现

精选联盟是抖音为短视频运营者打造的按商品实际销售量进行付费（Cost Per Sales，CPS）变现平台，不仅拥有海量、优质的商品资源，而且还提供了交易查看、佣金结算等功能，其主要供货渠道为抖店。

运营者如果不想自己开店卖货，也可以通过精选联盟平台帮助商家推广商品，来赚取佣金，这种模式与淘宝客类似。“精选联盟”的入口位于“商品橱窗”界面中，如图12-18所示。点击“选品广场”按钮，即可进入“抖音电商精选联盟”界面，在此可以筛选商品进行带货，如图12-19所示。

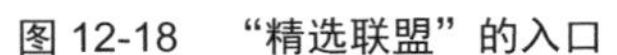

图 12-18 “精选联盟”的入口

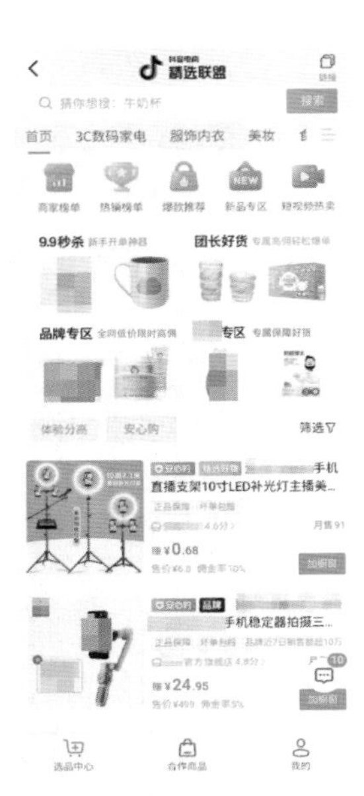

图 12-19 “抖音电商精选联盟”界面

运营者可以通过淘口令或商品链接，在精选联盟平台中查找对应的商品，并将商品添加到自己的商品橱窗中，然后在短视频的“发布”界面，❶选择“添加商品”选项；进入“我的橱窗”界面选择相应的商品后，❷点击“添加”按钮，如图12-20所示，即可发布带货短视频。

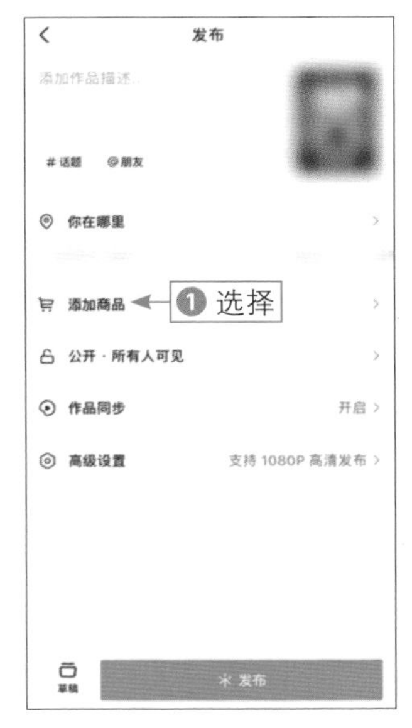

图 12-20 在发布的短视频中添加商品

12.3.5　团购带货变现

团购带货就是商家发布团购任务，运营者通过发布带位置或团购信息的相关短视频，吸引观众点击并购买商品，观众完成到店使用后，运营者即可获得佣金。

需要注意的是，团购带货售卖的商品是以券的形式发放给观众的，不会产生物流运输和派送记录，需要观众自行前往指定门店，出示商品券，在线下完成消费。

想申请团购带货功能，运营者的粉丝量必须要大于或等于1000，这里要求的粉丝量指的是抖音账号的纯粉丝量，不包括绑定的第三方账号粉丝量。满足要求的运营者可以进入抖音的创作者服务中心，点击“团购带货”按钮即可申请开通该功能。

团购带货功能之所以如此火爆，主要是因为运营者只需发布短视频就能获得收益，而商家只需发布任务就能获得客人，观众也能以优惠的价格购买到商品或享受服务，可谓一举多得。